Swiftlet Nest Hunter
Chasing Malaysian White Jewels

元木哲三［著］

ツバメの巣で世界を変える

命がけのツバメの巣ハンター
稲冨幹也
Mikiya Inatomi

梓書院

壮大なマレーシアのジャングル（2014年）

天然のツバメの巣へと続く洞窟内（2014年）

深い洞窟の奥底まで進んでいく（2013年）

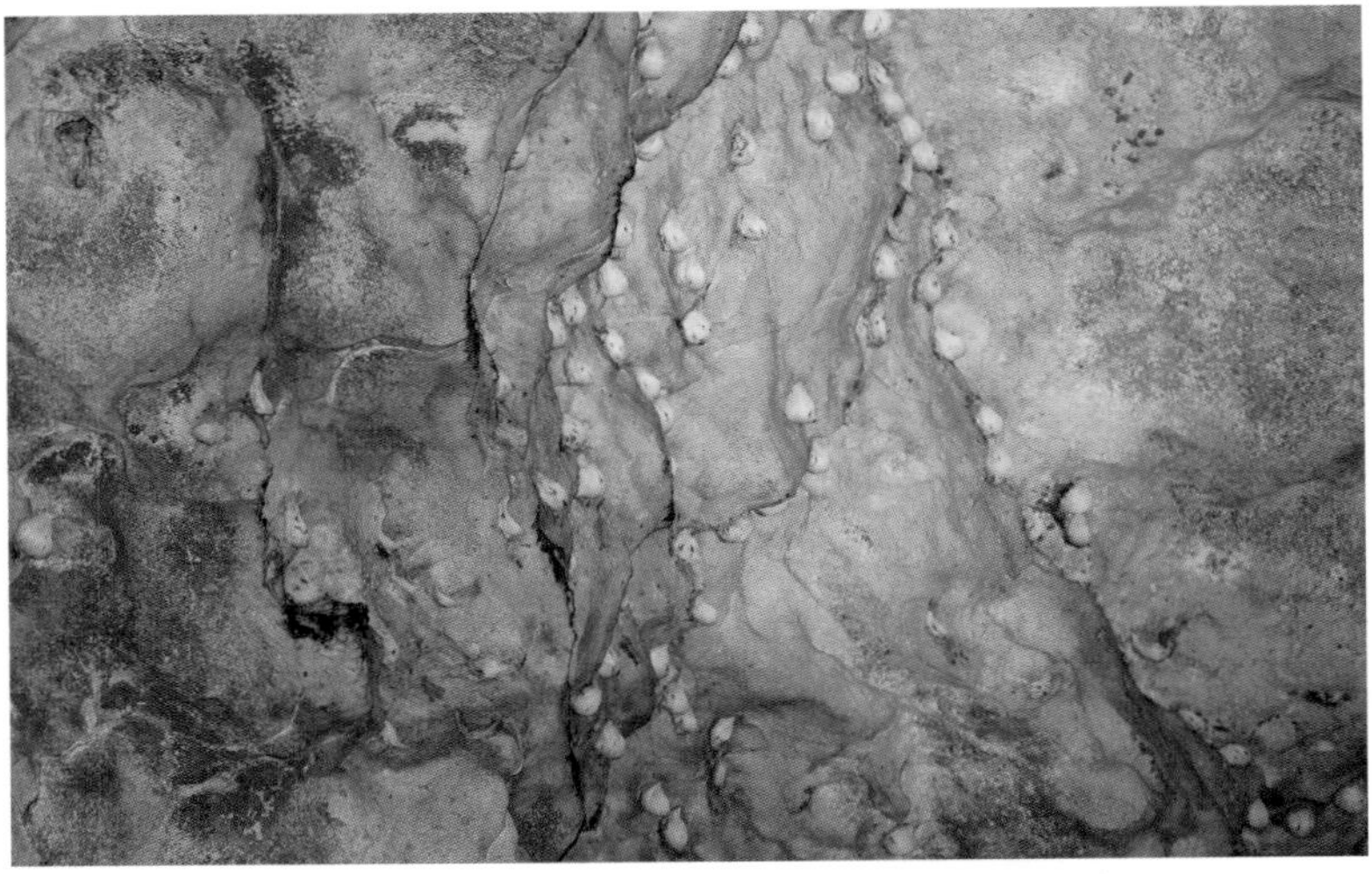
洞窟の壁一面にびっしりと張り付いたアナツバメの巣（2022年）

採取の後に現地メンバー達と　(2022年)

険しいジャングルを進んでいく (2022年)

大量に採取したアナツバメの巣 (2012年)

自らアナツバメの巣を採取　(2014年)

巣立ち前のアナツバメ（2014年）

生態系保護庁のトップと（2022年）

採取したアナツバメの巣を丁寧に確認（2012年）

現地メンバーとの植樹活動（2022年）

ボルネオ島に流れるキナバタンガン川 （2014年）

元マレーシア首相のマハティール氏の来社時にて（2022年）

ツバメの巣で世界を変える

命がけのツバメの巣ハンター──稲冨幹也

元木哲三［著］

プロローグ

これは「ビジョン」についての本である。

一人の人間が、いかにしてビジョンを描き、その実践に身を投じ、イメージを事実に変えていくのかを追ったルポルタージュだ。

最初に断っておくが、物語は未完。現在進行形である。


ぼくが初めて稲冨幹也と出会ったのは、福岡市で開かれた中規模のパーティ会場でのことだった。

つい人を観察してしまうのは、物書きの習性である。パーティでは知人を探すのが普通だろうが、むしろ知らない顔に目がいくのだ。身なり、表情、動作から、その人がどんな人物かを推理する。女性よりも、男性のほうが可能性の枠が広いぶん、難しく、だからおもしろい。

ぼくの目は一人の男を捕らえた。いや、むしろその逆で、彼の鋭い眼光に、視線を捕らえられたと言ったほうが正確だろう。

男は一人で立っていた。つまり、そのパーティに誰とも連れ立っていなかったわけだが、いや、形而上的な意味で、彼は一人だった。ぼくには彼が立っているその場所が、他と隔絶した、たとえば屹立した崖の頂上のように見えた。

と言っても、ヤマアラシのように、トゲで寄せ付けないのではない。むしろ表情は穏やかだ。立ち姿に敵意のようなものまったく感じられない。

光の加減によってはシルバーにも見える、明るいグレーの、仕立ての良いスタイリッシュなスーツ姿が、しかし決して嫌味ではないのは、彼がそれを完全に着こなしていたからだろう。

いつしかぼくの思考は、彼に集中していた。引き締まった体は、間違いなく鍛えられたものだ。ここ最近、ジムに通ってつけた筋肉ではない。きっと若い頃からスポーツに勤しんだのだろう。

精悍な顔つき。瞳の奥にある鋭さ。そうか、ということは、格闘家か。たとえば、元ボクサーで日本ランキングの上位まで行き、引退後の商売が成功して、今は経営者として忙しい日々を過ごしている、とか……。そんな想像をした。

だとしたら、一人で立っていることにも納得がいく。過酷なトレーニングを継続する中で、彼は孤独に慣れた。あるいは、孤独を手懐けたのだ。

いや、違う。

あまりにも深い悲しみが、彼の心の真ん中に、果物の固い種のような孤独を作り出したと考えてみよう。悲しみを背負いながら生きていく過程で、彼は種の外側に、やわらかくて甘い果肉を創りあげていった。ほとんど絶望的なほどの孤独を、他人からおいそれと見透かされないように……。

そこまで考えた時、彼の視線がこちらに向いた。さすがに集中しすぎて、「念」が伝わってしまったか。あわてて目を逸らしたが、彼はにこやかな表情で近づいてくる。「どこかで会いましたか」などと問われたら、なんと返そうかと思考を巡らせていると、隣にいた女性経営者が声をあげた。

「ああ、稲冨さん」

彼の目当てはぼくではなかったのである。

「ちょうどよかった。お二人のこと、前から紹介したいと思っていたの。この方、ツバメの巣ハンターの稲冨さん。ねえ、元木さん、ライターとしての血が騒ぐでしょ」

ぼくは曖昧な笑顔で頷いて、彼と名刺交換をした。そこには確かに「ツバメの巣ハンター」という、初めて目にする肩書きが印字されていた。

ライターの血は――もちろん、騒いだ。

稲冨幹也は自ら洞窟に入り、ツバメの巣を採取するハンターである。そうして得た、上質なツバメの巣で、健康食品や美容品を製造・販売する企業、エムスタイルジャパンのトップである。

そして、ぼくにとって稲冨は、これまで出会った誰よりも、壮大なビジョンを示した男である。

もちろん、稲冨の構想の何倍もの売り上げ目標を語った経営者は他にいた。世界企業を目指し、実際に各国に店舗を展開したリーダーも知っている。しかし、稲冨のビジョンは、それらと比べられないほどの大きさだ。

もちろん、まだ実現していないわけだから、「口だけならば、なんとでも言える」と批判的に見ることもできる。しかし、そのビジョンは「考えついたこと自体が、ひとつの奇跡だ」と、ぼくには思えた。

稲冨はなぜそんなビジョンを描くことができたのか。どうしてもそれを知りたくなった。あるいは、そのビジョンを頑なまでに守り、一点に向かって歩み続けることができるのか。取材を進めていくうちに、その秘密は少しずつ明らかになっていった。

彼を一目見たあの時、あの瞬間に、ぼくがこの本を書くことは決まっていたのかもしれない。他の多くの人がそうであるように、ぼくも彼が描くビジョンの一部となったのだ。

その意味で、これはあなたにとって危険な本になるかもしれない。

稲冨のビジョンに自ら飛び込むか、巻き込まれるか、はたまた静かに支えるのか。人によって関わり方は様々だろう。

ただ、言っておこう。彼が描く未来を知ってしまえば、もはや無関係でいることは不可能だ。あなたは今から、傍観者から実践者に変わる。これはそういう本だ。

もう一度、言う。

これは「ビジョン」についての本である。

物語は未完。続きは、そう、あなたによって紡がれていくのである。

目次

第1章 白い宝石をめぐって

海千山千はびこるアジアのマーケット

巨大な洞窟の入り口に立った時、稲冨幹也の口から「ああ」と低い声がもれた。それは手付かずの自然の造形に圧倒された驚嘆であると同時に、「ようやくここまで辿り着いた」という安堵のため息でもあった。

とても小さな声だったが、共鳴した周囲の大木が揺れ動くかと思われるほど、それは深く重たい響きを含んでいた。

そびえ立つ岩壁を見上げた時、稲冨はこれまでにかかった時間と苦労が、まるでオセロの最終局面のように一瞬でポジティブなストーリーへと置き変わるのを感じた。

とうとう、本物の人生が始まる。

稲冨はこれまで感じたことのない胸の高鳴りを覚えていた。

マレーシアのボルネオ島——サンダカンはサバ州の州都コタキナバルに次ぐ第2の商業都市である。街を取り囲むようにして広がるジャングルは実に150万種の動植物が活動する密林で、オランウータンの生息地としても有名だ。他にもテングザル、オオサイチョウ、ボルネオウンピョウ、ラフレシア……珍しい動植物の宝庫である。

もちろん、そう簡単に行ける場所ではない。なにせ日本からは6000キロも離れているのだ。

稲冨のホームグラウンドである福岡からマレーシアの首都、クアラルンプールまでは当時、まだ直行便がなく、シンガポールでのトランジットを含めて合計で9時間ほどかかった。そこからボルネオ島まで飛行機で3時間、さらにジャングルがあるサンダカンまで車で3時間。ジャングルを目指す場所に立つだけで一日がかりだ。

ジャングルに入ると、道なき道を1時間ほど歩く。赤道直下の強烈な暑さ。湿度が高いため、想像以上に体力を奪われるハードな道だ。

しかも、その道中は、巨大な昆虫（映画、インディ・ジョーンズのあれを想像してほしい）はもちろん、毒蛇や毒蜘蛛も出る。さらに、スマトラコブラやスマトラハブといった20種類以上の毒蛇が生息し、２０１６年には4カ月間で、実に７３０人が嚙まれて病院送りになった。[*1]

ワニに襲われて年間数名が死亡し、他にもマレートラやピューマに命を奪われることもある。手付かずの自然、人を寄せ付けない、極めて危険なエリアであり、立ち入るのは容易なことではない。

しかし、稲冨にためらいはない。荒い息を吐きながら、目の高さの草をかき分けて前進を続ける。

いよいよ洞窟がある奥地に辿り着いたら、そこからさらに険しい山道を登ること30分。

再び身体中から汗が噴き出す。

それでも、洞窟の入り口にたどり着いた稲冨は、疲れをまったく感じないほどに興奮していた。ここは、ずっと追い求めてきた夢と希望の入り口なのだから……。


稲冨はここに「ツバメの巣」を採取しに来た。白い宝石とも呼ばれる高級食材に、自らの人生の全てを賭ける決意をしていた。

数々の危険を冒してまで現地を目指したのは、「自分自身の手で本物を採ってみないことには、心から信頼できないし、ましてやビジネスにはできない」と考えたからだ。

ハードルは思いのほか高かった。現地に赴くという、たったそれだけのことでさえ、稲冨の想像をはるかに超える困難の連続だった。実際、今この瞬間、アナツバメが生息する洞窟の前に立っている現実は、「絶対にこの事業を成功させる」という強烈な信念で、数々の無理を通し抜いた結果だった。

思えば長い旅だった。

若い頃から事業家として一定の成功を収めたが、26歳の時に「自分は金を追っているだけで、夢を追いかけていない」と気づいてしまった。

何をやればいいんだ。

この命をどう使えばいいんだ。

暗いトンネルは、実に10年も続いた。

夢が持てない日々。それは何よりも稲冨を苦しめた。その心を、魂を苦しめた。

しかし——。

「そんな鬱屈とした毎日は今日で終わりだ」

洞窟を前にした36歳の稲冨は確信していた。これが運命の仕事だ、と。

まだ何ひとつ始まっていないのに、燃えたぎるような喜びに包まれていた。

*1：（出典：NNAアジア経済ニュース「熱波でヘビ被害が増加、４カ月で730件に」2016年4月19日）

●

稲冨が自らの人生を捧げるに至った「ツバメの巣」とは、そもそもどのようなものなのか。

多くの人にとってそれは、「中国料理の高級食材」というイメージだろう。限られたレストランでしか提供されないので、実際に口にしたことのある日本人はそれほど多くはないはずだ。

食材としてのツバメの巣をつくるのは、アナツバメ類の鳥である。日本で見かけることのあるツバメの巣は泥や枯れ草が入っていて、当然ながら食用には適さない。アナツバメの巣はそれとはまったく違い、ほぼ全体が唾液腺の分泌物、つまり唾液だけでできている。

繁殖期のアナツバメは盛んに粘性の強い唾液を分泌し、30日ほどかけて人間の手のひらほどの大きさの巣を完成させる。まるでスパイダーマンが手のひらから糸を出すように、アナツバメは「ピチピチ」と独特の音を立てながら壁に巣を紡いでいく。ツバメの巣は我が子のために作る、言わば「不思議なベビーベッド」なのである。

色は白く、無味無臭で、食材として見ると、歯応えのある、独特の食感が特徴だ。

この巣には人の免疫機能に作用するシアル酸を有する良質の糖たんぱく質が豊富に含まれている。また、成分の一つであるＥＧＦ様物質（Epidermal Growth Factor ＝表皮成長因子）は、表皮細胞を効率よく再生させる力がある。ツバメの巣は、このほかにも人間の治癒力を高める各種の成分でできた神秘的な食品なのだ。

こうした化学的な事実を、古代中国の人々は当然知り得なかったわけだが、その効能に関しては万人が認めるところで、古くから「気血の流れを改善し、自然治癒力や免疫力を高める」と考えられてきた。また、その美肌効果は食した人の多くが実感し、常食すれば若さと美貌を保てると言い伝えられてもきた。

美貌といえば、このツバメの巣、絶世の美女として知られる楊貴妃が好んで食したと伝えられている。もし、それが真実だとしたら、８世紀の中国、唐の時代にはすでに、その存在と効能が知られていたことになる。

いや、歴史はもっと古い可能性もある。

真偽を確かめることはできないが、こんな伝説があるからだ。

今から２０００年以上前、紀元前の話。東南アジアを船で往来していた中国の船団が無人島で遭難した。飢えに苦しんだ船員の一人が、崖の中腹に透き通ったツバメの巣を発見。空腹をしのぐために海水で洗って食べると、飢えがおさまるだけでなく、みるみる顔色がよくなった。中国に戻った船員たちは、このツバメの巣を皇帝に献上し、それが中国で食されるようになるきっかけとなった、というストーリーだ。

食材として料理に用いられるようになったのは、元の時代の末期だと言われている。清の時代になると、高級食材として珍重されるようになり、その傾向は今もなお続いている。ツバメの巣が出る宴席は「燕菜席」と呼ばれ、満漢全席に次いで格式が高いとされる。

なぜ高級なのか。それはツバメの巣の希少性にある。食用や薬用になるものは、東南アジアと中国南部のごく限られた地域でしか採取できない。供給量が限定されるために、どうしても価格が釣り上がるのだ。

しかも、採取できる場所は洞窟の奥深くで、高い壁面がほとんど。高所作業となるので危険が伴うのも、高額となる理由の一つである。採取できる権利を有する人が、ごく少数に限られているという特殊な事情もある。

最高級品ともなれば、1個、約6グラムで2万円ほどの値がつく。これが輸出され、さらに調理された時の値段は……そう、「世界一の高級食材」「白い宝石」と言われる所以である。

●

高額で入手が困難。

となれば、偽物が横行する。

なにせ主な消費地は中国である。高級ブランド品やキャラクター商品はもちろんのこと、ディズニーランドや、はたまた警察官まで偽物が出回る国だ。ツバメの巣のように「儲かる商材」のコピー品が作られないわけがない。

稲富は事前の調査で、偽物が流通している事情を調べ上げていた。

「ツバメの巣そっくりに作った木型に食感の似た材料を流し込んで作ったものや、粗悪品に化学薬品で色を付けて価値を吊り上げたものが横行しています。これは中国や台湾で

『信頼に足る』と認められている店でもそう。実際、2011年には、ツバメの巣最大手の会社、同仁堂の最高級品から基準値を超える亜硝酸塩が見つかって大問題になりました。摂取し続けると、発ガンの可能性が高まる物質。正直、ひどい現状です」

ここまでツバメの巣の偽物が蔓延っている背景には、製造から販売までの経路が見事なまでに確立されている、という事実がある。

稲富が潜入した偽物製造の現場では、流れ作業がシステマティックにコントロールされていたと言う。

「一応、ツバメの巣ではあるものの、3流以下のバルク品を3キロほど樽にぶち込んで、そこに同量の化学薬品を加えて溶剤を作ります。その溶剤を巧妙に作られた木型にピンセットで入れていく作業が黙々と続けられていました」

裏家業でありながら、その規模は大きい。

「その工場では、実に200人近い労働者が働いていました。この一点からも、偽物を受け入れる市場は決して小さくないことが想像できます」

しかも、悪いことに、偽物を見極めるのは「不可能」と言っていいほど困難なのだ。

「製造された偽物には『天然』というシールが貼られ、乾物商が立ち並ぶ、香港のソコ群島に送られます。ここに、世界中からサプライヤーが集まり、たとえば三つ星レストランのシェフが表示を信じて購入するわけです。だから、高級ホテルで提供されたからと言って、それが天然であるという証拠にはなりません。一皿2万円、3万円の料理が真っ赤な嘘という可能性も、決して低くないのです。流通経路は極めて黒に近いグレー。トレーサビリティはゼロと言っていいでしょう」

見極めるのが難しいという事実は、俗説がまかり通っていることからもわかる、と稲冨は言う。

中国では「赤いツバメの巣が良い」と言われている。アナツバメが口から繊維状のものを出す時に、喉を傷めて血が混ざってできたものとされていて、そのため「愛の結晶」とも言われ、価値が高いと説明されているのだ。

稲冨はこれを「まったく信用できない俗説」と言い切る。

「そもそも赤くなるのは血のせいではなく、鉄分が作用するからです。それが人間の体に本当にいいのかどうか、エビデンスはありません。おそらくそうした事実はないでしょう。しかも、品質も定かじゃない。そもそも数は極めて少ないはずなのに、それでもあれだけ出回っているということは、やはり偽物である可能性が高い。専門店のガラスケースに並べられているものでも、染色剤を使って血の色を付けた偽物商品がほとんどでしょう。業者は高く売れるならば、なんだってやるんです」

しかし、当の中国人のほとんどが、この事実を知らない。

「私の知る限り、正しい知識は広まっていません。中国人はツバメの巣を『食べる』だけであって、決して『詳しい』わけではない。日本人が勘違いしてしまうところです。本当に詳しいのは、マレーシアやフィリピンなど東南アジアの人たちですし、実際に洞窟に入っているハンターたちです」

中国の一流の料理人であっても、ツバメの巣に関する正確な情報を持っているわけではない。これが現実なのだ。

もちろん、日本も例外ではない。稲冨は以前、芸能人御用達で、よくテレビでも紹介される、高級中国料理店に招かれたことがある。東京に複数店を展開する有名店だ。稲冨の噂を聞いたオーナーからの「ツバメの巣ハンターに、ぜひ一度、うちのツバメの巣を召し上がってほしい」というオファーに答えたのだ。

稲冨は料理を見て、「十中八九、天然ではない」と判断した。食べてみて、確信を持った。その上で「これはどちらのツバメの巣ですか」と尋ねた。採取地を聞いたつもりだったが、返ってきた答えは「香港で仕入れました」であった。

余談だが、稲冨は、本物の価値を十分に理解し、また動物愛護や環境保護に対する意識の高い料理人からのオファーがあれば、例外的に天然を供給している。そのうちの一店は、日本で初めて中国料理でミシュラン3つ星を獲得した東京・広尾の『茶禅華（さぜんか）』である。ちなみに燕の巣が提供されるコースは6万円からだ。

日本最高峰との呼び声が高い、予約が困難な中国料理の名店、銀座『フルタ』も、稲冨のツバメの巣しか使わない。「本物の天然」を追い求めた結果、稲冨のツバメの巣は、「巨匠も欲しがるツバメの巣」になったのである。

断っておくが、稲冨は、ツバメの巣を他社には卸していない。いくつかのレストランは、例外中の例外なのである。

●

話を戻そう。

世界トップクラスのホテルの中国料理レストランであっても、ツバメの巣の偽物を提供している可能性が高い——衝撃的な事実だが、それを裏付けるエピソードがある。

香港を訪れた時、一流ホテルのチャイニーズレストランに食材を卸している知人から、稲冨はこう問われた。

「稲冨さんはいつも『ツバメの巣は偽物だらけだ』って言っているけど、そんなこと軽々しく口にしていいの?」

稲冨は静かに微笑みながら答える。

「少なくとも、販売されている商品が天然かどうかを判断するのは、かなり難しいと言わざるを得ません。偽物が大量に製造されているのは事実ですから、あなたが購入しているものが本物ではない可能性は高い。偽物だらけという表現だって、決して大袈裟じゃないと思いますよ」

「それ、稲冨さん、証明できるの?」

「どうやって証明しましょうか」

「俺、乾物街のボスと友だちなんだけど、彼を論破してほしいね。できる?」

稲冨は知人の瞳を無言でじっと見つめた後、紳士的に言った。

「そうですね。もし、1分間、もらえるのであれば」

二人はタクシーを飛ばして乾物街へと向かった。「香港の一流ホテルに納品している」ことをウリにしているその店に入ると、知人と主人が親しげに握手を交わす。

稲冨は金のブレスレットをジャラジャラと鳴らしている主人に「高級ホテルに納品している、最高品質のツバメの巣を持ってきてくれ」と伝えた。新しい取引の可能性に頬を緩めた主人はいったん店の奥に行き、ツバメの巣が入った大きな袋を持って戻ってきた。

「これだ、これこれ。最高級のツバメの巣だよ」

自慢げに笑う主人に、稲冨は表情を変えずに問う。

「これ、マレーシア産？」

そう尋ねたのは、マレーシア産こそが最高級品だからだ。

「違う。インドネシア産だよ」

「なぜ、マレーシア産を使わない？」

「高いからに決まってるだろう」

「さっき、最高級って言わなかった？」

「……」

買う気はないのかと疑い始めた主人は明らかに苛立っていた。卸業者の知人の顔が歪む。

稲冨は質問を続ける。

「じゃあ、聞くけど、これは天然？　それとも養殖？」

「そんなことわかるわけがないだろう！」

強い口調でそう言うと、主人は袋を稲冨の手から引きちぎるように取り上げると、そのまま店の奥に消えて行った。稲冨は会話が始まった時にスタートさせた、腕時計のストップウォッチに目を落とす。

「48秒」

知人のほうを見やると、彼はバツが悪そうに苦笑いしている。

「残念ながら、これがリアルなんですよ。カジノの偽チップはバレるけれど、ツバメの巣の偽物はバレない。だから、レストランのお客は高い金を払って、体にいいものを食べていると信じながら、実は有害な成分を摂取しているかもしれない。もっと怖いのは、我々は知らないうちにツバメの巣の販売に携わったり、自分が食べたりすることによって、環境を破壊し、動物を殺すことに加担しているのかもしれない。そこが最も重大な問題なんです」

稲冨の言葉に知人は無言でうなずくしかなかった。

●

ここで稲冨が口にした「養殖」について解説しておこう。

ツバメの巣は「天然」と「偽物」の他に、「養殖」がある。この養殖という言い方はあくまで隠語的な表現である。業者が手に入れたいのは鳥ではなく、その巣であり、だから人工的に給餌しているわけではないからだ。「人が手を加えることで、ツバメに巣をつくらせる方法」という意味で、養殖という言葉が使われるのである。

養殖の仕組みはこうだ。アナツバメに巣を作らせる人工物は廃墟ビルのこともあれば、そのためにコンクリート造りの建物を建てることもある。設置したスピーカーでアナツバメの鳴き声を流しておびきよせて、巣を作らせるのだ。

稲冨はその実態をこう語る。

「他の投機ビジネスと同じで、単なる金儲けですよ。たとえばビルが10棟あるとして、それぞれにオーナーがいて、そのうちの1棟にアナツバメが巣を作ったら、万々歳。『よし、これで俺は金持ちになれるぞ！』といったふうに、投機対象として扱われているわけです。音声ですか。私の知る限りで言えば、ＵＳＢメモリに入ったものが、２０００円程度で売られていましたね」

そもそも、マレーシアにおける天然のツバメの巣の採取事業は実にサステナブルなモデルが確立できている。採取すると言っても、決してヒナの住処を奪う行為ではないのだ。アナツバメはヒナが成長して巣立ったあと、それまで使っていた巣を放棄する習性がある。次の繁殖期には新しい巣をつくり、以前の巣を再利用することは決してない。人間が採取するのは、使われなくなった巣、役目を終えた〝空き家〟の巣のみなのである。

しかも、国家が管理しているマレーシアでは、採取時期をアナツバメの生態に合わせて

2月、8月、12月の年3回に限定している。乱獲を防ぐためだ。

稲冨はだから、巣のことを「ツバメから人類への贈り物」と表現する。ツバメにとってはいらなくなったものが、人間を癒し、修復し、元気にしてくれる。しかも産業として、多くの雇用を生み出し、人々の生活を支えている。

一方、人間の側は、恩恵を与えてくれるアナツバメを保護し、大切にする。このエコシステムこそがツバメの巣を中心としたビジネスモデルの優れた点だと、稲冨は考える。だから惚れ込んだのだ。

しかし、養殖では規制もなく、アナツバメやその巣が、どのように扱われているかは誰にもわからない。

「そもそも空気の澄んだジャングルに比べて、養殖が行われている場所は環境が非常に悪い。車もトラックも、バイクも通りますから、空気は排気ガスで汚染されています」

それだけでもアナツバメにとってはマイナスだが、もっとひどいことが起こっている。養殖の現場ではアナツバメが卵を産むと、すぐに別の場所に移して、巣を取ってしまうようなことが横行しているのだ。元のところにプラスチック製の巣のようなものをはめて卵を戻したり、ひどい場合は卵を捨てたりすることも……。

「拝金主義者たちが自分の儲けのためだけにアナツバメを利用している。人間のエゴで生態を無視して、無理矢理に廃棄ビルに住ませて、ヒナに負担をかけて、そんなことが許されるわけがありません。しかも、そうして人工的に作ったツバメの巣を『天然』と謳って販売する業者が後を絶たない。悲しいことですが、それがツバメの巣を取り巻く実態なんです」

そして、養殖ビジネスはさらに拡大しようとしている。

「チャイナマネーがビルを建ててツバメを住ませて、一大養殖場をつくるというニュースが新聞に出ていました。堂々と『数年後に2000億円規模にする』と。実際、養殖のマーケットのほうが圧倒的に大きい。でも、誰一人として、この問題に立ち向かおうとしないんです」

ツバメの巣は偽物と養殖が、天然と偽装されて流通しているのが現状であり、業界の常識となっている。だからこそ、稲富は「自分が仕入れ、販売するものは、自らの目で確かめたものだけにする」と誓ったのだ。それがどんなに困難なことであっても、もしプリンシプルが破られるようなことがあれば、「ツバメの巣の世界ブランドを築きあげる」という構想のすべてが崩壊すると、稲富は考えていた。

数々の困難を乗り越えてジャングルの洞窟を訪れたのには、稲富の胸に強烈な問題意識と、命を賭しても信念を貫く覚悟があったからなのだ。

「俺は偽物市場、劣悪な環境にメスを入れる革命家になるんだ。なんとしてでも、この手で『ツバメの巣革命』を起こすんだ」

それは稲富がツバメ王になるために、自らに課した条件であった。

第2章 天啓

ツバメの巣との邂逅、命がけの交渉

稲冨に「ツバメの巣」という「天啓」が舞い降りたのは、２００９年、親友である経営者に、マレーシアに招待された時のことだった。

その親友は20歳の時に葬儀用の額縁に特化したビジネスに携わり、すでに全国展開を実現していた。稲冨にとっては、高校時代から影響を受け続けた畏友であり、憧れの存在だった。

稲冨自身も若くしていくつかの会社を経営し、利益を上げ、同世代と比べれば高い収入を得ていたが、それだけでは満足できない自分を感じていた。

親友にあって、自分にはないもの——それは「夢と志」だった。

「幹也、おまえ、知っとうか。日本には無縁仏として葬られる方がたくさんおられる。これが自分の父親、母親と思ったら、たまらんやろう。日本はこんな国でいいんか。俺が全部引き取って成仏させてやりたい。そのためにも絶対に事業を成功させる。それが俺の志やきな」

親友は「日本中の葬儀屋に売り込むから」と、ワンボックスの荷台に特殊な機械を詰め込んで出かけると、3カ月ほど帰ってこないのが常だった。苦労はしているようだったが、一つの旅を終えるたびに、業容が拡大しているのが稲冨にはわかった。そして、その広がりに比例するように、親友の器も大きくなっていった。

稲冨が「車での長旅は大変だろう」と問うと、親友は決まって、「俺には夢がある。それを叶えるためやき、どんなことにも耐えられるし、頑張れる」と答えた。稲冨にはその姿が輝いて見えた。

「おまえ、やっぱりすげえな。いつも夢に向かって進みよるもんな。俺は事業はやりよるけど、ここにはなんもないんよ」

稲冨は自分の胸を拳で軽く叩きながらつぶやく。

「俺のやっとることは、単なる金儲けや。ああ、この命、こんなことに使っとっていいんやろうか……」

「大丈夫、大丈夫。おまえは絶対に夢を見つける男や。心配すんな」

ともに酒を飲むたびに、親友はそう言って慰めてくれた。時には涙まで流して、「大丈夫だ」と弱気になりそうになる稲冨を支えてくれた。そのたびに自分を奮い立たせる稲冨だったが、「人生を賭ける何か」は、なかなか目の前に現れてくれなかった。

親友の事業はルーマニア、インドネシア、中国と、順調に海外に広がっていった。年に数回の酒を酌み交わす機会に、親友はうれしそうに未来を語った。

「幹也、少しずつ夢の実現が近づいてきたぞ。今度はマレーシアに会社を設立して、そのオープニングパーティを開く。重要な関係者を招いてのちょっとしたイベントになるぜ」

稲冨は大きく息を吐いた。

「相変わらず、おまえはすげえな。俺もおまえみたいに海外に展開して飛び回りたいよ。いや、もちろん、ビジネスの成功が目的じゃないよ。結局のところ、一生を賭ける夢が欲しいんだ。おまえには確固とした夢があって、なんで俺にはないんやろう……」

「だから、大丈夫やって。必ず出会えるって」

親友はいつものように、元気づけてくれた。

「幹也はすごい男よ。おまえは、とんでもない人物になる。俺が太鼓判を押してやるよ」

「そう信じたいところやけど……自分の命は、どんどん減っていくわけやろ。俺、そんな大切な命を無駄に使っとる気がして……。なあ、なんというか、こう大きく変われるチャンスがほしい」

親友は黙ってうなずいている。

「そうだ、試しに俺もそのパーティ、行ってみようかな」

ふと出たこの言葉が、夢を見つけるためのパスポートになることを、稲冨は後で知ることになる。

「おお、幹也。それはいいじゃないか！　ぜひ、来てくれよ。刺激にもなるやろうし、いい出会いがあるかもしれんしな」

●

パーティはクアラルンプールのビルの屋上を貸し切って開催された。シンボリックなペトロナスツインタワーが見える場所だ。親友は日本からは日本人社員、現地では採用する社員とその家族を招いた。

プールの水面にレーザー光線で社名が映し出され、風船が空にあがり、次々とシャンパンが開いていく。

「おめでとう！」

稲富は親友の手を固く握った。

「俺も絶対お前みたいになる。諦めんきな」

「大丈夫、絶対になれる！」

男二人、固く抱き合った。

異国の澄み切った青空のせいか、晴れやかな舞台の影響か、親友の言葉がいつも以上に肚に落ちた。

「俺にも必ず、夢が見つかる」

声に出して呟いてみる。湿気を帯びた風も、心なしか爽やかだ。稲富は「今日は酔おう」と決めて、したたか飲んだ。

ワインと笑い声、酒が回り始めた頃だった。耳に「ツバメの巣」という言葉が飛び込んできた。振り返ると、パーティに参加していたマレーシア人が、ツバメの巣の効用について語っていた。

現地採用の社員の家族だった。なぜか心に引っかかるものを感じた稲富は、初対面ながらも、その会話に入っていた。

「割り込んで申し訳ないが、あなたが話しているツバメの巣って、どんなもの？」

「東南アジアの秘境に生息する幻の鳥がつくる巣のことです」

「ツバメの巣はフォアグラやキャビアといった珍味と一緒だろう。それで病気が治る？」

「ええ、そうですよ。ツバメの巣は漢方の薬の中でもトップ中のトップです。様々な病気に効果があるので、重宝されているんですよ」

「そんな話、日本人は誰も知らないよ」

「そうですか。マレーシアでは常識ですがね」

「でも、ツバメの巣は確か中国料理だろう。どうしてマレーシアで？」

「いえいえ、ツバメの巣は中国本土では採れないんですよ。東南アジアのごく限られたエリアでだけ採取できるもので、中でもマレーシアはナンバーワンです」

頭の中で、何かが閃く感じがした。ちょっと待てよ。この情報には何かがある。稲冨は直感した。

さっきまでの酔いは吹っ飛び、稲冨の頭脳は最高速で回転していた。何かある。きっと何かある——。しかし、その何かとは、いったい何なんだ。

稲冨の人生を変えたのは、自らが放った次の質問だった。

「それで、ツバメの巣のトップブランドはどこ?」

なぜこの時に「ブランド」という言葉が出たのか、発想できたのか。

「この点を突き詰めなければならないと切実に感じた上での質問だったことは確かです。それまでブランドに興味はあったけれど、自分で創ろうと思ったことはなかった。だのに、この時に口をついて出たのが『ブランド』という言葉だったんですよね」

理由はどうあれ、これが「ツバメの巣」と「ブランド戦略」という、決して近いとは思えない二つの要素が結びついた瞬間だったのである。

稲冨自身、何かに突き動かされるようにして出した質問だった。当然ながら相手はその意味がつかめず、困惑の表情を見せた。

「ブランド……ですか。えーっと、だからマレーシア産ですよ」

「いやいや、そういう意味じゃなくて、なんて言ったらいいかな。エルメスとか、フェラーリとか」

「そういう高級ブランドみたいなのはないな」

「ほら、でも、チョコレートだってブランドがあるし、あるいはワインだったらカベルネ・ソーヴィニヨンとかメルローとかいったぶどうの名前とか、コーヒーだったらブルーマウンテンとかキリマンジャロなんかの豆の名前とか……」

「うーん、そう言われると……わからないな。ブランドって、あるのかな……」

まさか……。

本当にブランド化されていないのか。

世界最高級の食材が？

最高峰の漢方薬が？

まさか、まさか、まさか……。

身体中に電流が流れるような感覚とはこのことか、と稲富は思った。

「ツバメの巣のブランドを『この自分が』創り出せばいい」

その思いが、なにか強烈なエネルギーのようなものとなって、全身を巡るようだった。

「これが俺の登るべき山なのか」

体温が上昇し、脳内で光が爆発する。それは稲富にとって初めての、そして強烈な体験だった。

●

その日から稲富は、まるで取り憑かれたようにツバメの巣についての情報収集に没頭した。ネット上にある、あらゆる情報を読み込み、書籍や論文を取り寄せ、一方で親友の会社のスタッフの力も借りて現地の情報を収集した。

その上でわかったのが、偽物と養殖がはびこる業界の現実だった。あらためてロジックを立ててみると

① ツバメの巣の主な消費地は中国であり、生産地は東南アジアの一部である。
② 以前は皇帝や一部の特権階級のみが食せるものだった。
③ しかし、今では富裕層が欲しがる食品となった。
④ マーケットが生まれ、拡大したことで養殖が横行するようになった。

⑤さらに養殖に投資する資金を持たない者たちが、偽物を製造するようになった。
⑥この構造的な問題は日本や欧米はもちろん、中国国内でも知られていない。
⑦ツバメの巣に関わっている人間の大半は利益を得ていて、現状維持を望んでいる。
⑧天然を採取している一部の既得権益を持った者たちにも問題意識はない。
⑨よって誰も天然を証明することや、ブランド化する必要性を感じてこなかった。

という構造が見えてきた。稲富はあらためて震えるような興奮を覚えた。

古くから珍重されてきた高級食材。世界三大珍味と言われるフォアグラ、キャビア、トリュフより、あるいはフカヒレや干アワビよりも上位なのに、誰もブランド化していない。本物を追い求めて、安心、安全を証明できれば、必ず世界ブランドが構築できる。同時に大学などの研究機関とともに、その効能を科学的、医学的に解明すれば、これは間違いなく人類の未来に貢献できる事業になる。

しかも、アナツバメは一度作った巣を二度と使わないという習性がある。つまり、ツバメをしっかりと保護していけば、人々に健康をもたらすギフトをサステナブルに受け取ることができる。これからの時代に適したビジネスになるという確信も持てた。

稲富は調べ上げた結果と、自身の構想を親友に打ち明けた。

「どう思う?」

「最高じゃないか! そうか、幹也。とうとう見つけたんやな」

「うん、2000年も前から珍重されてきたにも関わらず、ブランドができていない上に、そのことがアメリカもヨーロッパも中東も、もちろん日本でも知られていない。天然の食材で、これだけ魅力的でノーマークなものが存在するというのは、正直、奇跡だと思う」

「確かにそうだな」

「俺ね、やっと登りたい山ができた。その頂上が見えるんやけど、そこにある椅子にさ、言わばキングの椅子にさ、誰も座っとらんのよ。ぽっかりと空いとるんよ」

「そこにはおまえが座るんよ。幹也、よかったな」

「ああ、これも全て、おまえのおかげよ。おまえが俺を信じて応援し続けてくれたき、今日がある。ほんとに感謝しとるよ。ありがとう」

「ばか言うな。おまえが必死に追い求めた結果やろ。俺はなにもしとらん。それに、勝負は今からや。礼を言うなら成功してからにしてくれ。そのためにも、これからは俺と俺のスタッフを、さらに自由に使え」

「ありがとう。本当にありがとう」

熱い握手を交わし、抱き合ったとき、稲冨は自分の命を捨ててでも、この事業を成功させると胸に誓った。親友は10年間、飽きもせず、諦めもせず、いつも本気で自分を勇気づけてくれた。振り返ってみれば、「ポジティブな洗脳」とも言えるくらい、繰り返し、繰り返し、肩を叩き、背中を押してくれた。

それも、実に10年にわたって、である。生半可な気持ちでは続かない。本当に思ってくれたからこそ、信じてくれたからこそ、親友は言葉をかけ続けてくれたのである。

「命を賭けるべきテーマを見つけたのと同じくらい、これはあり得ない奇跡ではないだろうか」

親友の恩に報いるためにも、この夢は絶対に実現しなければならない。

第一歩は、本物のツバメの巣を手に入れることである。紛れもない天然であることを、自らの目で確かめることである。

そのために欠かせないファクター、そう、それは他でもない「現地」だ。稲冨は一日でも早く、いや1秒でも早く、マレーシアのジャングルに立ちたいと思った。

●

現地に赴き、自分の目で見極めた本物を仕入れる——口で言うのは簡単だが、実際には、その糸口を見つけることさえも難しかった。稲富は日本でさらに書籍を漁り、論文を探しては貪るように読んだ。

マレーシアでは親友とそのスタッフが現地の情報を収集してくれた。決して簡単な調査ではなかったが、情報網を駆使して探した結果、クアラルンプールに隣接する都市にある華僑企業『レンファ』が、天然のツバメの巣を卸してくれそうだということがわかった。

「どうする、幹也。行ってみるか」

「もちろん！」

すぐに現地に飛んだ稲富は親友と彼が雇用している通訳のジェペと合流し、件の華僑企業を訪ねた。

レンファはファミリー企業でありながら、年商は約150億円。マレーシアの物価を考えると、日本で言えば、この二倍、いやそれ以上の規模の企業と考えるべきだろう。

通された応接室のソファに浅く座ったまま、稲富はすでに臨戦体制に入っている。一方の親友は深々と腰掛け、掲げられた大書をぼんやりと眺めていた。ジェペは二人の間で、そわそわしている。

ドアが開いた。60代の後半だろうか。白髪まじりの髪をオールバックにしたオーナーは、軽く会釈をして対面に座るやいなや、単刀直入に「どれくらいの量を仕入れるつもりがあるのか」と尋ねてきた。

「天然のツバメの巣がほしい」というだけで訪ねてきた、見ず知らずの日本人。しかも、これまでに何の実績もない素人だ。仕事になる可能性がないのならば、即座に追い返そうという思いが伝わってくる。小柄ながら、その圧力は相当なものだ。

一方の稲冨も、気迫では少しも負けていない。

「いや、その前に俺を、ツバメの巣が採れるジャングルに連れて行ってくれ」

驚いた表情で宙を見ているジェペに、稲冨は「ほら、早く訳せ！」と迫る。しぶしぶ、伝えたジェペの言葉を聞いて、オーナーは目を丸くした。

「ばかな。そんなこと、できるはずがない」

「無理を言っているのはわかっている。それでも自分で行って、この目で確かめる以外に選択肢はないんだ。俺はこの事業に命を賭けている。なあ、俺を信じてくれ。頼む」

「だめだ、だめだ。私は中国やドバイの企業に40年にわたってツバメの巣を卸している。もし、私が嘘つきであれば、これほど長期の取引は不可能だ。私は天然しか取り扱わない。それを信じてほしい」

しかし、稲冨は折れない。彼自身も、中国をはじめ、外国人との取引に関しては少なからず経験を積んできた。交渉ごとは徹底して自分の意思を伝えなければならないことは、骨身に染みるほど知っていた。日本人同士のように、「気持ちを察してくれ」といった態度では力負けしてしまう。

だから、オーナーの眼力にも、稲富は首を縦に降らない。

「信じていないわけじゃないが、何があっても俺は現地に行く」

「ミスター稲富、おまえ、まったく頑固な男だ。なあ、これを見てくれ」

オーナーは自分が取り扱っているというアナツバメの巣を稲富に渡した。

「どうだ、きれいだろう?」

「ああ、確かに美しいよ。だけど……無礼を承知の上で聞くが、これが本物の天然のアナツバメの巣であると証明するものはあるのか」

「証明? あるわけがない」

オーナーはため息をついて、首を小さく横に振りながら言った。

「そんなものはこの世のどこにも存在しない」

稲富が「だったらだめだ」と毅然と言い放つのを聞いて、オーナーは鼻で軽く笑った。

それは、この対話そのものが茶番だとでも言うような笑い方だった。

「ちょっと待ってくれ。俺は今、笑うような話をしたつもりはない」

稲冨の表情と声には怒気がこもっている。通訳を介すると、どうしてもこちらの〝温度〟が伝わらない時がある。それを放っておくと、見くびられる。外国人とのやり取りでは、こうした小さなコミュニケーションギャップを見逃すことが致命傷につながることもある。稲冨の声にすごみが増した。

「ジェペ、笑うような話はしていないと、はっきり伝えろ！」

拳で机を叩いた低い音が、怒声と合わさって部屋の空気を一気に緊迫させる。稲冨はジェペに言いながらも、鋭く睨みつける視線はオーナーの目の中心をロックオンし続けている。

「わ、わかりました」

ジェペが真剣な顔で稲冨の言葉の意味を伝えると、オーナーは軽くうなずきながら、

「勘違いだ。悪く思わんでくれ」と謝罪した。

交渉の再開だ。

「誰がなんと言おうと、俺は絶対に現地に行く。オーナー、あなたは信用できる人だと思う。しかし、あなたの会社に届くまでに不正が行われない確証が欲しい。採取している現場と、巣の実物を見たいし、業者や、そのトップとも会いたい。そうでなきゃ、信用できないし、そんなものをお客には売れない。なあ、頼む。俺をその洞窟に連れて行ってくれ」

「だめと言ったら、だめなんだ。それだけはできない」

オーナーは腕を組んで体を硬くした。膠着しそうな空気を感じた稲冨は攻める場所を変える。

「わかった。じゃあ、連れていけない理由を教えてくれ」

オーナーは安心したように、ニヤリと笑ってうなずいた。

「理由は二つある。まず、ジャングルには危険な動物がたくさんいる。ピューマ、マレー虎、毒蛇も毒蜘蛛もいる。毎年、多くの犠牲者が出る。これは本当だ。疑うなら、日本の大使館に行って聞いてみるがいい」

オーナーは「怖気づいたろう」といった様子で薄笑いを浮かべている。

「そして、もう一つの理由のほうが、さらにシリアスだ。ボルネオ島の洞窟には7人のボスがいる。そのうちの一人におまえを紹介したとして、おまえが私を裏切らない保証はどこにもない。勝手に取り引きされでもしたら、私にとっては大損だ」

笑みは消え、冷徹な瞳が灰色に光る。オーナーは一呼吸置いて続けた。

「裏切らないとしても、1円の実績もないおまえが何かをしでかすことによって、私が身を粉にして、40年かけて築き上げた信頼を失うかもしれない。顔を潰されるリスクを、なぜ私が負わなければならないのか。そして、これは、おまえのためでもある。ボルネオのボスたちは気の優しい連中ではない。何かあれば、おまえは命を取られるだろう。悪いことは言わん。やめておけ」

一代で、これだけの企業グループを築き上げてきた人物だ。その言葉、声には人を畏怖させるだけの深みがある。しかし、稲冨は平然としている。

「命を取られるってのは、おもしろいね」

「いや、冗談じゃない。たとえば、の話だ。採取の現場ではどうしても不正が起こる。横流しすれば、莫大な金になるから、ツバメの巣を自分の懐に入れる輩がどうしても出てくる。発覚した場合……私の口からは彼らがどんな罰を受けるのか、とても言えない。そこには『鉄の掟』があるんだ。日本人のおまえにはわからんよ。あきらめることだ」

席を立ちかけたオーナーを、稲冨はジェスチャーで、座り直させた。

「事情はよくわかった。その上で言おう。今の二つの問題には簡単な解決法がある」

稲冨はオーナーの目を射抜くように見つめる。

「一つ目。猛獣に食われるんだったら、それが俺の運命だ。仕方がない。甘んじて彼らの餌になろう。次、二つ目。もし、俺が裏切ったら、逃げも隠れもしないから、すぐに殺せ。この首を持っていけ。命はあなたに預けるから、俺を信じてくれ。これで問題解決だ。

だろ?」

「私にメリットは?」

「5年後、俺はでかくなって、日本はもちろん、世界にもマーケットを広げる。そのときのメリットを考えてみろ。とんでもない倍率だ。なあ、だから俺にベットしろよ。必ず儲けさせるから。俺を信じてくれ」

沈黙。静寂。張り詰めた時間は、やけに長く感じられる。

中空を見つめて思考を巡らせていたオーナーは、視線を稲冨に合わせ、あらためてじっと無言で見つめた後、一度、大きなため息をついてから、吐き出すように言った。

「あんたには負けたよ」

稲冨は破顔した。この交渉のテーブルについてから、初めて見せる笑顔だった。

「オーナー、ありがとう!」

「ただし、ミスター稲冨、一度だけだぞ」

「わかった。ありがとう。本当にありがとう」

稲冨はそう言いながら、心の中で「1回行けるんだったら、10回でも、100回でも同じだ」と思っていた。扉は開いた。いや、こじ開けた。

オーナーに深く頭を下げた後、稲冨は親友と握手を交わす。

「やったな、幹也」

「ああ、またおまえに借りができたよ」

そんな二人を見ながら、オーナーはため息のようにこうもらした。

「ミスター稲冨、おまえ、ここに来てから、私に対して『トラスト・ミー』と何回言った?」

全員が大きな声で笑った。

●

レンファのオーナーと通訳のジェペとともに、ボルネオ島に降り立った稲冨を迎えに来たのは白いジープだった。

稲冨はそのまま洞窟へ向かうものだと思っていたが、初めに招かれたのは採取の権利を持っているボスのオフィスであった。

レンファのオーナーが親しげに握手を交わすボスはやはり華僑で、中肉中背の、見た目はまさに中国人。襟足を長く伸ばした独特の髪型が目立つ。

「やあ、ウォンさん、久しぶりだ。あれ? ジミーはどうした?」

オーナーが尋ねた。

「ああ、もう1年前になるな。俺の目に隠れて、200キロもパクりやがった。だから……まあ、なんというか、ジミーは消えたよ」

「そうか……」

このやりとりで、稲冨はこの洞窟に巨大な利権構造が存在していることを悟った。おそらく、オーナーの一存で、かなりのことが決まるのだろうし、ある程度の悪事ならば揉み消すことができるに違いない。その〝罪状メニュー〟の中には、おそらく殺人も入っている。

そんなことがまかり通るのは、間違いなく大物政治家と結託しているからだ。既得権益を貪っている共依存関係。そして共犯関係。共倒れにならないように、関係は緊張を保ちながら、どんどん強固なものとなっていく。内部の密度は極めて高く、だから異分子がその関係の中に入っていくのは困難だ。

業者、マフィア、政治家の黒いトライアングル——それは稲冨が生まれ育った町にあった闇であり、だからその暗さを、稲冨はいやというほど知り尽くしていた。しかし、物は考えようである。やっかいではあるが、構造が同じであるならば、「戦い方、あるいはかわし方が俺にはわかる」と、稲冨はそう思った。

しばらくの沈黙の後、レンファのオーナーはその場の空気を変えるように明るい声で言った。

「ウォンさん、彼が話していた日本人、ミスター稲冨だ」

「こんなところまで、よく来たな。俺が知る限り、日本人でゴマントンに行くと言ったのは、あんたが初めてだよ」

そう言ってガハガハと笑う。ゴマントンとは洞窟のあるエリアの地名である。稲冨はボスの分厚い手を握って、口角をぐっと上げて強く微笑んだ。

「無理を通してくれて感謝しています。ビジネスは絶対に成功させるので、俺を信じてください」

二人の横でレンファのオーナーが「また、トラスト・ミーだよ」と小さくつぶやき、ジェペが我慢しきれずに吹き出した。

「よし、じゃあ、さっそく行くぞ」

ボスの一声で、若手が素早く動き出す。稲冨は彼らに促されてジープに乗り込んだ。いよいよ洞窟に行けるのか、と思いきや、到着した先にはワニが描かれた巨大な看板が立っていた。

「どこだ、ここ?」

誰にともなくつぶやいた稲冨に、ジェペが「クロコダイルファームです」と答える。

「つまり『ワニ園』か。でも、そんなこと、誰も頼んでないぞ」

「ですよね。なんでこんなところに来たんだろう」

きょとんとするジェペを、先を行くボスが呼んでいる。「早く稲冨を連れてこい」と言われているようだ。

「なんでワニなんだよ」

稲冨は苛立ち、同時に困惑しながらも、牙を剝き出したワニが描かれたゲートをボスたちに続いてくぐった。

園内には至るところに池があり、ワニたちは暖かい陽を背中に浴びながら、ゆっくりと巨体を動かしている。もちろん、穏やかなシーンばかりではない。餌やりにでくわすと、それまでの緩慢さが嘘のように、ワニは俊敏に体を動かし、獲物である丸鶏をくわえたら、まるで骨などないかのように飲み込んでしまう。さすがの迫力だ。

ボスはある一角で立ち止まり、「このあたりのワニをよく見ておけよ」と言った。稲冨はジェペに看板に書いてある文章を訳すように伝えた。

「ああ、このあたりのは、人喰いワニなんですって。えーっと、こっちは『5人の人間を食べました』って書いてありますね。で、うーん、こっちはね、イナトミさん！『7

人』だって！」

なるほど、そういうことか。稲冨はようやく合点がいった。ボスは「裏切れば、いつだっておまえはワニの餌になる」と伝えたいのだ。それを察した稲冨が、どのように振る舞うのかを観察するという目的もあるだろう。

ただ、この程度の脅しならば、稲冨にとってはあいさつのようなものだった。

「俺を殺したいならば好きにしろ。でも、俺にはそうならないことが見えている。なぜならば、俺はいずれ、おまえたちが頭を下げてでも取り引きしたい、ツバメ王になるのだから……」

稲冨は心の中で、一人そうつぶやいた。

ボスは稲冨を、クールな目で見つめている。その視線をしっかりと受け止めた後、稲冨は微笑みながら、ジェペを通さずに英語で言った。

「あなたの伝えたいことは、よく理解できた。でも、俺は大丈夫だよ。どうか、心配しないでほしい。ビジネスは必ず成功させる」

ボスは口角を片方だけ上げて、笑いながらうなずいた。

「よし、次は飯だ！」

ボスの一声で、一同は車に戻り、サンダカンの市街地に向かった。

招かれたのは海沿いの、200席以上のテラス席がある大型のシーフード料理店『海上皇餐廳（オーシャンキング・シーフードレストラン）』で、生簀と客席が海の上にせり出した、大型の海上レストランである。ジェペによると、この地に来たVIPや有名人が必ず訪れる、地元の名店なのだと言う。

海に沈む夕陽が見える場所に設けられた円卓に8人が腰掛ける。稲冨にとっては、ボスとレンファのオーナー以外の人間がどれくらいの地位で、どんな役割を持っているかわからない。少なくとも稲冨側は、稲冨自身と、まったく頼りならない通訳のジェペの二人だけ。テーブル上の勢力という意味では圧倒的に不利だ。

ボスはテーブルに座った頭数の数倍の料理を注文した。「さすが華僑だな」と稲冨は思う。これまで何度も中国人から歓待を受けたことがあるが、とにかくとんでもない量の料理が出てくる。ゲストが満腹で食べられない状態になった時に、テーブルに料理が余っている状態こそがもてなしであり、ホストの誇りなのだ。

招かれたほうは、だから豪快に食べなければならない。相手の厚意をしっかりと受け止めたことを、その行いで表現する。つまり、この会食も、お互いの信用度を図る交渉の場なのだ。

多彩なシーフードを提供するこのレストランの、中でも名物はエビ料理である。テーブルに並ぶ料理は大ぶりのエビをそのままボイルしたもの、グリルしたものを中心に、すべてにエビが入っているといっても過言ではなかった。エビの赤色で贅沢に埋め尽くされた卓上は、一種の壮観である。

しかし、悪いことに、稲冨は甲殻類アレルギーだった。エビが入っている鍋の出汁をすっただけで、唇が腫れ上がるレベルである。エビそのものを食べようものならば、身体中に発疹ができ、最悪の場合は呼吸が苦しくなる。それくらい稲冨にとっては危険な食べ物だったのだ。

稲冨は陽気に語りながら、隣のジェペの皿の上の殻を、そっと自分の皿に置き、添え物の野菜を咀嚼しながら、会食を楽しんでいる演技を続けていた。

会話を遮って、大きな声を上げげたのは、ボスの隣に座っていたナンバーツーらしき男だった。テーブルを叩いて立ち上がり、稲冨を指差して何やら怒鳴っている。指の巨大なエメラルドの指輪に思わず目が行った。

「成り上がりの華僑らしい選択だ」

そう考えた自分の冷静さを、稲冨は認識する。呼吸も乱れていないし、心拍数も上がっていない。よし、落ち着いている。稲冨は瞬時に自分自身をモニターしつつ、同時に全体の状況を把握する。この能力はいくつもの修羅場をくぐり抜ける中で身につけたものだ。逆上すれば、不利になるだけである。

それにしても、この男は何に怒っているのか。稲冨はジェペのほうを見る。

「イナトミさん、やばいですよ。『ボスはおまえのためにこの料理を用意したのに、一口も食べてないじゃないか』と言っています。『なめてたら、殺すぞ』って……」

ジェペの声が震えている。しかし、稲冨はこれしきのことでは動じない。

外国人との関係において、同じものを食べることは極めて重要だと、稲冨は理解していた。これは言わばイニシエーションなのである。仲間となる第一歩は、同じものを食べること。単純なだけに、「嫌いだ」「食べられない」といった理屈は通じない。

大袈裟かもしれないが、これは「兄弟の盃」なのだ。受けなければ、この話は終わってしまう可能性が高い。いや、その前に、無事に帰れないかもしれない。

さあ、どう対応するか。

「うるせえな」

そう言いながら稲冨は立ち上がり、自分よりもずっと背が高い、ナンバーツーを指差して、日本語で啖呵を切った。意味が通じなくとも、こういうのは気迫で伝わるものなのだ。

ナンバーツーは予想外の行動に出た稲富の圧力に押されている。

「ジェペ、『エビは稲富の大好物です』って言ってやれ」

「でも、稲富さん、エビを食べたら……」

「いいから、笑顔で言え！」

ジェペが震え声を抑えながら稲富の言葉を訳し終えた瞬間、稲富はボイルされたエビを3尾、わしづかみにして、殻ごとバリバリと食べ切った。

稲富が椅子に座り直すと、テーブルは静かになった。

片方の眉を上げて、ボスに笑いかける。ボスは2度、ゆっくりとうなずいた。

「どうなることかと思いましたよ」

ジェペが耳打ちする。

「ばか、どうなるかはこれからだよ」

「確かにそうですね」

「俺が倒れたら、すぐ救急車呼べよ」

「はっ、はい！」

またもやジェペの声が震えた。

稲富にとって、これは危険な賭けだった。

果たして結果は……不思議なことに、稲冨の体にはまったく変化がなかった。後日談だがこの日以来、稲冨は甲殻類アレルギーを克服してしまった。今やエビは、稲冨の好物のひとつである。

その後の宴席は賑やかに、そして和やかに進んだ。

「今日は疲れただろうから、ホテルでゆっくり休んでくれ」

会食の終わりを告げたボスのオーラは、初めに会った時とはすでに変わっていた。相変わらず殺気を身にまとってはいたが、稲冨への警戒心は薄れ、頬に浮かんだ笑みには男として認めた相手に対する敬意と共感が見てとれた。

「明日は部下にゴマントンを案内させる。山道を歩くことになるから、体力を回復させておくことだ」

その言葉を聞いた瞬間、稲冨はサンダカンに到着してから、初めて緊張が緩むのを感じた。そうか、それくらい集中していたのか。

振り返れば、今日はとんでもなく長い一日だった。閉まりそうなシャッターにギリギリ滑り込んですり抜けるようなことの連続だったが、なんとかクリアできたようだ。

明日はいよいよゴマントンだ。念願の、念願の洞窟だ。

ゴマントン洞窟は「ゴマントン熱帯雨林保護区」の中心に位置し、何世紀にもわたってツバメの巣の採集地として知られてきた。

360度をジャングルに囲まれた、まさに秘境である。今は改善されたが、当時はネットに繋がらないのはもちろん、携帯電話の電波も入らなかった。何が起こっても、稲冨には連絡を取る手段さえない。

洞窟の入り口に続く道には、上方まで金属製の柵が設置されている場所がある。密猟者からツバメの巣を守るための柵だ。また、洞窟のすぐ近くに建てられた小屋では武装した監視役が、24時間、密猟者が侵入しないように見張っている。

いくつかのゲートをパスし、険しい山道を登り切った稲冨は、求め続けてきた洞窟の前に立った。その巨大さに「ああ」と低い声がもれる。「ようやく、ここまで来たぞ」と、心の中でつぶやく。

ボスの部下に促されて、中に入っていく。外よりも少し気温が低く、汗をかいた肌が一瞬、ひんやりとする。頭上高く、洞窟の上部に空いた穴から、太陽が光の筒となって差し込んでいる。美しかった。稲冨はその神秘性に心を奪われ、同時に「ここが自分の人生を変えてくれる場所だ」と直観した。

30度の傾斜を注意しながら下っていく。スキーで言えば上級者コースばかりの下り坂を、滑り落ちないように慎重に歩く。

このとき、稲富が入った洞窟は、高さ、幅ともに最大200メートルほどもあり、東京ドームがすっぽりと入ってしまう、文字通り「野球ができてしまう広さ」だった。しかも、それが7ブロックもあり、全長8キロの入り組んだ洞窟となっている。

しばらく進むと、作業の音が聞こえ、洞窟内がライトで明るく照らされている場所に出た。そこには20人ほどの男たちがいた。

「ここが採掘場所か」

稲富は、デイバックからカメラを取り出した。

「おい、ここは撮影禁止だ！」

男たちがいきり立つ。確かに入り口のところで、カメラの持ち込みは禁止だと言われたが、隠し持って中に入ったのだ。ツバメの巣が本物であるという証拠を、記録として画像や映像として残すことも、稲富にとって今回の訪問の大きな目的だったからだ。

「ああ、そうだね。でも、許可は取ってきたんだよ。俺は日本から来た俳優だから、みんな、一緒に写真を撮ろうぜ」

その場の思いつきだったが、自分でも不思議なくらい、稲冨は自然にそう話していた。

「ジャパニーズアクター」という言葉に、作業員たちが集まってきた。

「へえ、あんた、有名人なのか」

「まあね。だからさ、ほら、こっちに来て、一緒に撮ろう」

稲冨がまとった常人離れした雰囲気を感じたのか、疑う者は一人もいなかった。

場が和んだところで、稲冨はデイバックから準備しておいたキャンディーを出して、まわりの男たちに配った。

「アメちゃんだよ、アメちゃん。俺はね、ボスの友だちなんだ。ということは、みんなとも、友だちってことだよな」

稲冨の笑顔に釣られて、男たちの表情が緩んでいく。すでに撮影禁止の話など、誰も覚えていない。稲冨はハンターたちに旧知の友人のように話しかける。

「それで、ツバメの巣はどこにある?」

「見えないのかよ。ほら、あんたの真上だよ」

見上げると、壁の高いところに白いものが張り付いている。ハンターたちは長い梯子を登って、その「白い宝石」を採取していた。

低いところで10メートルほど。高いところでは50メートルから100メートルにも達する。梯子はハンターたちの体重で、大きくたわんで揺れている。命綱をつけないハンターも少なくなく、毎年、死者が出る危険な仕事である。

話を聞くと、この洞窟の中では200人以上のハンターが働いているという。マレーシアの一世帯の平均月収が約3万円であるのに対して、ハンターはわずか2週間で約23万円を稼ぐ。集っているのは、高給目当ての命知らずたちだ。

プロのハンターは1日で約50キロを採取する。販売価格にすると実に1億6000万円。もちろんその大部分はオーナーの会社に入るわけだが、洞窟の中はまさに宝の山なのである。

ハンターから直接、手渡しされた天然のツバメの巣はどこまでも美しかった。金欲に突き動かされて集まってくるハンターたちだが、実はこのツバメの巣の美しさに魅了されて、惹きつけられて、ここに来てしまうという面もあるのではないだろうか、と稲富は思った。

天然のそれだけが持つ、白い輝きに魅了された稲富は、「この世界一の食材をまずは日本人に、そしていずれは世界に届ける」と、そのとき強く心に誓った。

日中、エサを獲るために外に出ていたアナツバメたちは、夕方6時ごろになると、洞窟の上空で旋回を始め、陽が沈む頃に、一斉に洞窟に戻ってくる。

それはおびただしい数で、すべてのツバメが戻り切るまで実に1時間半ほどもかかる。

稲冨は感動しながら、ツバメたちの姿を眺めた。

「ありがとう。おまえたちのおかげで、たくさんの人が救われる。今、湧き上がってくる感謝の気持ちを決して忘れず、俺はおまえたちを全力で守る。だから、どうか、今から手がける事業を成功に導いてくれ。ありがとう。ありがとう」

すべてのツバメが洞窟に戻るまで見届けた稲冨は、そこから立ち去るのが惜しくなってデイバッグから寝袋を取り出した。

「おまえ、なにやってんだ！」

その様子を見ていたハンターの一人が真剣な顔で問うてきた。

「なにって、今夜はここで寝ようかと思って」

「正真正銘のクレイジーだな。夜になると猛獣たちが活発になる。おまえ、やつらのエサになりたいのか！」

そう言われて初めて、稲冨は自分の無謀さに気づき、指摘してくれたハンターに礼を言って寝袋をしまった。

しかし、この無謀さがなければ、重たい扉は決して開かなかったはずだ。これだと決めたら、なにがなんでも突き進む。それが稲冨流だ。

陽が沈んでいく中を早足で下山しながら、稲冨は確かな手応えを感じていた。

ここから俺の、本当の物語が始まる。

命を賭けた、本当の人生が始まるんだ。

その直観に、稲冨の心はこれ以上はないというくらいにたぎっていた。

第3章

秘められた可能性

世界が注目するツバメの巣の力

マレーシアの洞窟で採取される世界最高峰の「天然の」ツバメの巣——いくつもの困難を乗り越えて、間違いのない本物を仕入れられることは決まった。

レンファのオーナーからは「最小ロットは5000ケースだ」と迫られたが、「将来を見てくれ。いずれ必ずどでかい取り引きになると約束するから」と押し切って、なんとか1000ケースで仕入れることが決まった。

レンファにすれば取るに足らない雀の涙のような量だろうが、まだ1個の商品さえ売ったことのない稲富にとっては莫大な仕入れ量だった。

とにかく、何をおいても、まずは商品化だ。稲富には具体的なイメージがあった。

ツバメの巣が消費されているのは中国。料理として、中でもスープとして食されるのが一般的だ。しかし、そのスタイルではツバメの巣を食べる習慣のない日本人にはハードルが高い。

そこで、稲富はアナツバメの巣を、そのまま瓶詰めにすることにした。相性の良いシロキクラゲやコラーゲンに、てんさい糖の自然な甘みを加えてシンプルな味わいに仕上げたのだ。稲富の理想を形にした、完全にオリジナルの配合だ。

これは2000年以上の歴史を持つ食材であるツバメの巣を、まったく新しい美容習慣、健康習慣として受け入れてもらうことを狙った戦略である。考え方は、間違っていないはずだった。

製品開発は順調に進んだ。ブランド名は稲冨が洞窟の中で初めてツバメの巣を手にした時の、「なんて美しいんだ」という強烈な実感から、「美巣（ビース）」に比較的スムーズに決まった。偽物や養殖に業界を汚される中にあって、「美しき、あるべき巣」を実現するという思いも込めた。

「本来、ツバメの巣が、地球上で最も美しい巣ではないか、と私は思います。もっと言えば、人間が口に入れるものの中で、最も美しい。そんな発想から『美巣』とネーミングしたんです」

販売ルートは当然ながら、まったくない。百貨店に特設コーナーを設置して、販売員による十分な説明ができれば、あるいは成立したかもしれないが、そんな資金も人もコネクションも、設立したてのエムスタイルジャパンにあるはずがない。

だから必然的に販売方法はウェブサイトを介した通信販売となる。しかし、考えてもみてほしい。聞いたことのないメーカーのサイトに、ぽつんと高額商品が掲載されているとして、「買ってみよう」と思う人がどれくらい存在するだろうか。

しかも、である。ツバメの巣には「市場（マーケット）」が存在しない。すでにニーズが顕在化していて市場が存在する中でシェアを獲得していくビジネスも決して簡単ではないが、市場が存在しないところで、啓蒙からスタートする、いわゆる「ゼロイチ」のビジネスを成功させることは極めて難しい。

稲冨自身、その困難は十分にわかっていたし、覚悟してもいた。それでも、現実はやはり、想像よりもずっと厳しかった。「ツバメの巣」と口にすると、「藁と土とでできでるんでしょ。そんなもの、食べられるの？」と聞かれ続けた。そのたびに「そこから話さなきゃならないのか」と嘆息したが、しかし、これこそがまさにリアルなのである。

なおかつ、稲冨が売ろうとしているのは、世界最高級の品である。

「車が1台も走っていない国で、フェラーリを売り始めたわけです。まあ、常識的に考えて売れるはずがない」

まったく新しい価値を創造するチャレンジ。稲冨自身、採算化までには時間がかかるだろうと予測していたが、いや、それにしても、売れない。

一方で、購入してくれたユーザーからは、ポジティブな反応が聞かれた。そんなユーザーの声は、稲冨を勇気付けた。当初は稲冨の予想通り、「美容」を目的としたユーザーが大半だったので、見た目の変化に関する声が多かった。

時が経つに連れて、健康に関する改善例が集まるようになった。

当時はコールセンターがなかったので、感動を体験したユーザーは、わざわざハガキをくれたり、会社まで電話をかけてくれたりして喜びの声を届けてくれた。

とくに印象に残っているのは、医療法人の理事からの手紙に書かれた内容だった。彼女は長年、持病に苦しんでいた。父親は医師であり、病院と複数の調剤薬局を運営する経営者でもあった。父親からの勧めで、様々な治療法と薬を試したが、症状は一向に良くならなかったのだという。彼女は父親に黙って、ツバメの巣を飲み続けた。すると、症状は寛解へと向かった。

「こんなことってあるんですか。でも、私が証拠ですよね。ありがとうございます。すべては美巣のおかげです」

その持病の症状改善に効果があるのか。それは稲富にもわからなかったが、同じように「持病が改善した」というユーザーの声は数多く届いていた。稲富はそうした効果のエビデンスを取ることも自分の役割だと考えるようになった。

ツバメの巣の力を信じていた稲富だったが、ユーザーから毎日のように寄せられる感想につづられた、あまりの劇的な効果に「ツバメの巣とはこんなにもすごいのか」と驚きを禁じ得なかった。まだ分母が少ない中で、こんなにたくさんの声が届くという現実。「自分の信じた道は間違いない」と確信を持てた。

効果を感じたユーザーの口コミで、定期的な購入者は確実に増えていった。そして、これは今なお美巣の特徴なのだが、離脱が極めて少ない。だからユーザーは微増を続けた。しかし黒字化はまだまだ遠い先で、累損は増え続けていくばかり。なんとか状況を打開しなければならない。デッドラインは確実に近づいていた。

●

美巣ブランドの2番目の商品として発売されたサプリメントの開発には、ちょっとした物語がある。

稲冨の妹の娘、つまり彼にとっての姪が、持病に悩んでいた。彼女は7歳、小学1年生。持病のせいで、十分な睡眠も取れずに、つらい日々を送っていた。その状況を妹から聞いた稲冨は、「だったらすぐにツバメの巣を食べさせてあげてくれ」とツバメの巣の瓶詰を送った。

妹から電話があったのは、1カ月後のことだった。

「兄ちゃん、ありがとう。すごく良くなったよ」

「そうか。それはよかった」

「病院に行っても、全然治らなかったから、どうしようかと真剣に悩んでたんだ。ツバメの巣ってすごいね。ほんと、私も助かったんよ」

「なんでおまえが？」

「だって、『苦しい』って夜中に起きるから、そうなれば私も付き合うでしょう。寝不足になって、実は私のほうが倒れそうだったの。兄ちゃん、本当に感謝してる」

なるほど、ツバメの巣は家族も救うのか。それは稲富にとってうれしい発見だった。

それからしばらくして実際に姪に会った稲富は、思わず「おーっ」と声をあげた。見違えるように元気になって、子ども本来の笑顔を取り戻していたからだ。

「おじちゃん、ありがとう」

「うんうん、よくなってよかったな」

感謝するのはこっちだよ、と稲富は思った。こんなに身近で、劇的な改善例を見ることができて、ツバメの巣に対する自信をさらに深めることができたのだから。

その半年後、稲富自身の3歳の娘に同じ病気の診断が下りた。ツバメの巣の出番である。稲富はさっそくツバメの巣のゼリーをスプーンに載せて、娘の口元に持っていった。が、どうしても食べてくれない。

そこで稲富はツバメの巣をすり潰していったんパウダー状にして、水で溶いたものを与えることにした。実際にやってみると、とんでもない粘性で、固い水飴のようになった。

試しに自分で口に含んでみたが、口の中に張り付いて、息苦しくなるほどだった。これではだめだ。

次に考えたのが、錠剤にすることだ。業者にパウダーを送って打錠にしてもらい、それをあらためて砕いてアイスクリームに混ぜて食べさせると、症状はすぐに落ち着いた。

ツバメの巣のパワーをあらためて感じた稲冨だったが、実は娘の症状は伝染性膿痂疹、いわゆる「とびひ」だったことがわかった。肩透かしを食った形ではあったが、まさに怪我の功名、これをきっかけに美巣のサプリメントが誕生したのである。

ただ、瓶詰のゼリーのようにそのまま食べるスタイルに比べて効果はどれくらいあるのか。その点が明確ではなかった。

ちょうどその頃、先輩から「息子が持病で悩んでいる」という話を聞いた。彼は7歳、重度の皮膚炎患者だった。先輩から腹部が血まみれになった画像を見せられた時、稲冨は思わず目を背けたくなるほどの衝撃を受けた。

「これは、ひどい。かわいそうに」

「朝起きると、この子のベッドの周りに剝がれた皮膚が散らばっているんだ。それを見ると、不憫でね」

役に立てるかもしれない。稲冨はそう思った。自分の娘のためにつくったサプリメントが、まだ残っていたからだ。

「先輩、ちょうど今、新製品の試作品があるから、お子さんに使ってみませんか」

「おお、それはありがたい」

「ただ、一つだけ条件があります。今、ステロイド剤を塗っていますよね」

「ああ、あれがないと、かゆがって寝てくれなくて……」

「わかります。でも、いったんやめてほしいんです。そのうえで、このサプリを1日5粒、飲ませてください。治す自信はあります」

「わかった」

1カ月後、稲冨が電話をかけると、先輩は申し訳なさそうな声で「とくに変化はない」と言った。2カ月後も同じだった。

「まさか、サプリに問題があるのか……」

さらに2週間後、つまり服用を始めてから十週を過ぎたときのことだ。先輩が「一言礼が言いたい」と稲冨を訪ねてくれた。

「幹也、ありがとう。息子の病状が改善し始めたよ」

「おお、それはよかった。信じて使ってくれて、ありがとうございます」

「いや、今となれば笑い話だけどさ、ツバメの巣のせいで俺たち、夫婦の危機だったたんだよ」

「え？」

「嫁がさ、『全然、治らないじゃない！　病院にも行けないし、あなたたちの友情ごっこに振り回されるのは、もう嫌なのよ！』って怒っちゃってさ。まあ、それも仕方がなくてね。毎日、血で赤くなったシーツを洗って、フローリングに散らばる皮を掃除してきたのはあいつだからね」

「ああ、それは……」

「でもさ、幹也が3カ月分を送ってくれてただろ。せっかく俺たちを思ってしてくれたんだから、これを飲み切るまでは我慢しようって。なんとか納得してくれたんだけどさ。これで効果が出なかったらどうしようって、真剣に思ったよ。最悪、離婚かな、なんてさ」

「そうでしたか」

「でもさ、今は嫁が一番、おまえに感謝してるよ」

先輩はスマートフォンに入った、最新の息子の画像を見せてくれた。まだ完治とは言えなかったが、腹部の傷は消え、赤くあざのようになっていた顔の皮膚の荒れもすっかり引いていた。

では、なぜ、ツバメの巣は、ここまで劇的な結果を生み出すことができるのだろうか。そのメカニズムを見てみよう。

ツバメの巣の成分の中で、健康に最も貢献するのが「糖鎖栄養素」である。そして人間が口にするもので糖鎖栄養素の種類と含有量が圧倒的に多いのがツバメの巣なのだ。単に希少だから高級なのではなく、あらゆる病を治すほどのパワーこそが、ツバメの巣が珍重されてきた理由だ。そして、それを実現しているのが糖鎖栄養素なのである。

糖鎖とは、細胞に産毛のようについている、言わば「細胞のアンテナ」である。人間は約60兆個の細胞でできていると言われるが、糖鎖はその一つひとつの細胞から伸びている鎖状に連なった物質だ。

8種類の単糖類から構成されていて、細胞の外の情報をキャッチし、細胞内へ伝達する、「アンテナ」のような機能を担っている。細菌やウイルスなどの異物の認識、ホルモンや酵素の認識などに深く関係していて、この糖鎖が劣化したり、異常をきたしたりすることが、病気の原因になる。糖鎖は人間の生命維持、生命活動に欠かせない重要なものなのだ。

いまや、この糖鎖の研究は最先端の化学分野の一つとなっている。一九八一年に開始された遺伝情報（ヒトゲノム）の解明は、二〇〇三年にすべての解読作業が終了。生命科学の次なる目標は免疫システムや生命の謎を解く鍵を握っていると考えられる糖鎖に向けられているのだ。

糖鎖は一つの細胞に500〜10万個ほどついているため、その情報量は膨大で簡単に解明できるものではないが、日本では経済産業省が、アメリカでは国立衛生研究所が巨額の研究予算を投じていて、2国を中心にすでに7000を超える報告が発表されている。

実際、ノーベル賞受賞者の田中耕一氏は「予防医学のために糖鎖の研究を発足させた」と公表。文部科学省は2006年から10年計画で「糖鎖新薬」の開発に向けて官民一体の研究を続けた。

そうした研究の成果は医療現場において、すでに実を結びつつある。

たとえばインフルエンザの有効薬であるタミフルは、細胞のアンテナである糖鎖に働きかけることでウイルスから体をガードしている。さらに細胞のアンテナを活性化させることで、がん細胞の転移が抑制されたという報告もある。*2

細胞のアンテナの働きによって免疫力が上がれば、風邪からがんまで幅広く効果が期待できるとして注目されているのである。

美容に関しても、糖鎖は大きな影響を与えるようだ。たとえ肌や髪に良い成分を塗ったり、飲んだりしたとしても、糖鎖がアンテナとして正常に機能していなければ、効率的に細胞に取り込むことができない。その意味だけでも、「糖鎖の異常は、見た目にも影響を与える」と言える。

糖鎖の研究が日本をはじめ世界中で進められていることは先述の通りだ。そして、細胞のアンテナである糖鎖の異常を改善することは、実に多くの領域に影響を及ぼす可能性も示唆されている。糖鎖が十分に長ければ、敏感に外敵を察知でき、さまざまな症状の改善や予防につながることが明らかになっているのだ。

しかし、加齢とともに糖鎖は短くなってしまい、そうなると、外敵を察知する力が鈍くなって、がん細胞や細菌、ウイルスなどを見逃す可能性が高くなる。つまり糖鎖の異常こそが、免疫力の低下なのだ。

そして、その糖鎖を、再び長くする可能性を高めるのが、ツバメの巣なのである。

*2：Pinho,S.S.and Reis,C.A(2015)Glycosylation in cancer : mechanisms and clinical implications. Nat. Rev. Cancer 15,540-555

健康には不可欠な糖鎖栄養素。しかし、残念ながら、人間はそれを体内で作ることができず、だから外部接種するしかない。ツバメの巣は、糖鎖栄養素を取り入れるのに、最も効率的な食品だと言える。

インフルエンザを発症したマウスにツバメの巣を食べさせた実験がある。論文には、「EBNの摂取が、インフルエンザウイルスの感染を強力に防いだ」*3と書かれている。このEBNこそ「エディブル・バーズ・ネスト」、食用の鳥の巣——そう、ツバメの巣なのである。ツバメの巣は、これを食することで糖鎖を伸ばし、免疫力を高める食品として科学的にも認められているのだ。

では、なぜツバメの巣に糖鎖を伸ばして免疫力をアップさせる効果があるのか。

糖鎖は単糖がつながってできている。この単糖とは「ブドウ糖」のように「これ以上分解できない最小単位の糖」を意味する。

自然界には200種類以上の単糖が存在していて、糖鎖はそのうちの8種類の単糖が様々なパターンで鎖のようにつながってできている。その8つとはグルコース（ブドウ糖）、ガラクトース（乳糖）、マンノース、フコース、キシロース、N-アセチルグルコサミン、

N－アセチルガラクトミン、N－アセチルノイラミン酸（シアル酸）である。

この8種類のうち、ツバメの巣には、グルコースとキシロースを除く6種類が含まれている。グルコースは普段の食事でも比較的簡単に摂取できるので、ツバメの巣は糖鎖の形成に必要な糖鎖栄養素のほとんどを摂取することができる食品だと言えるだろう。

中でも、N－アセチルノイラミン酸である「シアル酸」の量は圧倒的。100グラムの唾液中のシアル酸含有量を比べると、ヒトが5ミリグラム、ローヤルゼリーが50ミリグラム、ツバメの巣は、なんと1万ミリグラム。つまりツバメの巣はローヤルゼリーの200倍、ということになる。

このシアル酸をはじめとした糖鎖栄養素を豊富に含むツバメの巣を摂取すると、それらはまず、小腸で吸収される。その後、血液に乗って全身へと運ばれ、加齢で短くなったアンテナまで到着し、先端に接着。糖鎖が伸びるのである。

アンテナの機能が上がることで、外敵への察知能力が向上し、細胞やウイルスに素早く対応できるようになる。

このツバメの巣の効力を「動物の唾液の力」と見ることもできる。動物の唾液で、人間が食べるものは二つしか存在しない。一つはツバメの巣であり、もうひとつがローヤルゼリーで、両者を比べるとツバメの巣のパワーが圧倒的なのは前述の通りだ。

ドイツには「牛に頭を舐めさせると毛が生える」という言い伝えがある。これもはやり唾液の力であり、その中に含まれる糖鎖栄養素の力なのであろう。育毛についてはすでに、名古屋市立大学でのマウスを使った実験で、シアル酸に効果があると明らかになっている。[*4]

日本では古くからケガに対して、「唾をつけておけば治る」と言ってきたが、これも同じ理由だ。人類は唾液の持つ力を、太鼓の昔から知っていたのである。そして、中でも最高のパワーを誇るのが「ツバメの巣」なのだ。

*3：Yagi.H.,YasukawaM.,Yu.S.Y.,et al. The expression of sialylated high - antennary N-glycans in edible bird's nest.(2008) Carbohydr Res 343(8):1373-7

*4：Fragrance Jounal Vol.37 No.10 43-47 2009-10「唾液成分シアル酸の育毛効果―その発現メカニズムと薄毛治療への応用―」岡嶋研二（名古屋市立大学大学院医学研究科展開医学分野）

美巣の苦戦に話を戻す。

シリーズ第2弾となるサプリの効果を確信した稲富はさっそく商品化して発売まで持っていった。やはり100％天然アナツバメの巣に、ヒアルロン酸よりも高い有用性を持つシロキクラゲ抽出物と低分子コラーゲンを配合したサプリメントだ。

稲富は瓶詰めに比べて1日5粒のサプリメントを飲むだけという手軽さが評価されると考えた。しかし、状況は思惑通りに進まない。期待に反して販売は伸び悩んだ。

「こんなにすごい効果があるのに、なぜ道は開けないんだ」

これまでコツコツと積み上げてきた個人の資産はすべてつぎ込んだ。さらに、自ら立ち上げ、育ててきた会社を、一社、また一社と売却し、それを美巣の運営資金に回した。しかし、黒字化はまったくと言っていいほど、見えてこなかった。

「どうすればツバメの巣の素晴らしさを、もっとたくさんの人に理解してもらえるんだろう。もしかして俺は、金をドブに捨てているだけなのだろうか」

絶対に諦めないという気持ちに何ひとつ変わりはなかったが、稲富の心の中にも焦りが生じ始めていた。

実際に、数字を見れば、その苦しさが理解できる。最初に仕入れた1000ケースのツバメの巣を売り切るのにかかった時間は、実に丸2年。今では1年間で2万ケースを使用することを考えると、創業期の苦闘がイメージできるだろう。

美巣ブランドのスタートから4年の月日が経とうとしていた頃のことだ。ちょうど40歳になった稲冨はある日、顧問税理士からこう告げられた。

「稲冨社長、ちょっと言いにくいことなんですが……」

「先生、どうしたんですか。いつものように、なんでも率直に話してください」

「では、ストレートに言いますが、エムスタイルジャパンは4カ月後に4000万円の金が足りなくなる。つまり資金ショートを起こします」

「倒産ってことですか」

「このまま行けば……ええ、そうなりますね」

税理士は眉間に皺を寄せたまま、申し訳なさそうに稲冨から目を逸らした。稲冨は喉に硬い石が詰まったように感じた。

実はエムスタイルジャパンの設立から4年間、稲冨の身にはツバメの巣の事業以外の領域で、さまざまなことが起こった。

多角化した事業の、すべてのベースとなってきたのは建設会社だったのだが、その副社長と専務が退職した。そしてほぼ同時期に飲食企業の責任者も去っていった。稲冨にしてみれば、頼りにしていた三本柱を一気に失う形になった。

「こんなひどい試練が来るものなのか……」

盟友たちとの別れは、実務的にも精神的にも大きなショックとなった。

建設会社の業務の中で、２０００万円分の建設資材が消えるという事件も、やはりこの期間に起こったトラブルである。警察が入り、社員全員が嘘発見器にかけられるような事態となったが、結局、犯人は分からずじまいだった。

リーマンショックのあおりを受けて倒産したリサイクル会社に、税務署の調査が入ったのも、美巣で苦しい戦いを続けている時だった。

大きなことから、ささいなことまで、これまで経験しなかった事案が頻発した時期。なんでここまで重なるのか。自分の人生ながら、あきれるくらいに、次から次に問題が押し寄せ、稲冨を苦しめた。

ただ、稲冨にとって、ツバメの巣に出会うまでの暗黒の10年に比べれば、これくらいの苦難はなんてことなかった。

それは夢があったからだ。

5年後、10年後のビジョンがあったからだ。

イメージする未来を現実にできるのは自分しかいない。その自負があった。ツバメ王になるという究極の目標は、いかなるトラブルの中にあっても、たとえ電波の届かないジャングルの中にいても、ビジョンとしてカラーで見えていた。

稲冨は訪れるトラブルをかわしながら、とにかく前進していた。目標に向かってさえいれば、心が乱れることはなかった。

もちろん、資金繰りが苦しくなっているのはわかっていた。だから会社の売却など、時々で必要な手も打ってきた。しかし——。

「つぶれるまで、たったの4カ月とは……」

それはあまりにも非情な「余命宣告」だった。強烈な意志の力で突っ走り続けていた稲冨も、これにはさすがに打ちひしがれた。

その夜、絶望的な気持ちで自宅に帰ると、3人の子どもたちはすでにベッドの中だった。一人ひとりの寝顔を見て、頭を撫でながら、稲冨は泣いた。そんなつもりじゃなかったが、涙が後から後からあふれてくる。

「俺の夢は結局、単なるわがままだったのかもしれない」

これまでに味わったことのないやるせなさ。

「何一つ成し遂げることもできず、美巣と俺の物語は終わるのか」

稲冨は子ども部屋にへたり込んだまま、これまでの自分の人生を思い返していた。

第4章

物語は終わらない

金を追わずに夢を追う

1974年、稲冨幹也は母の実家である新潟県南魚沼市で産声をあげた。ただ、1歳の時には父の仕事の関係で、家族は福岡県田川郡に移ったので、新潟の記憶は一切残っていない。

兄と妹の3人兄弟。ほどなくして家を出た父親は以来、戻ることはなく、一家4人の母子家庭となった。

稲冨の母は縁もゆかりもない田川という土地で、女手一つで子どもを育てなければならなかった。

今と違って、ネットもなければ、携帯電話もない時代。十分な情報を得ることもできず、家族や友人とつながる機会も限られていただろうから、家計と子育てにはずいぶん苦労したに違いない。

稲冨が幼少期を過ごした時期（バブル景気が始まり、終焉するまでの間と思ってもらって、それほどのずれはないだろう）の田川には、日常のいたるところに暴力が存在していた。

当時、たとえば体罰は日本中のどの学校でもあたりまえだったし、「子どもの喧嘩」では片付けられない暴力事件も少なくなかった。現在の常識的な感覚では想像が難しいレベルで、子どもたちを取り巻く世界は荒れていた。

中でも稲冨が育った田川は、全国的に見ても特異な環境にあった。少し、歴史を振り返ろう。

田川も属した筑豊炭田は福岡県の6市4群にまたがる、石炭の産地であった。戦前は国内最大の炭鉱地帯で、全国の半分を掘り出した時期もある。

福岡県では「筑豊」という言葉が今でも地域を指す言葉として使われているが、これは筑前と豊前の頭文字をとったもので、炭鉱の隆盛を背景に生まれた比較的新しい概念であり、呼称である。

明治維新後、筑豊には三菱・住友・古河などの大手中央資本が進出。田川には一歩遅れて、三井が三井鉱山を開いた。これが大正時代には筑豊炭鉱を牽引する大炭鉱に成長。その後も田川は炭都として発展を続け、昭和30年には人口10万人を突破した。田川は戦後全国的に流行した『炭坑節』の発祥の地でもある。

しかし、その頃から石炭産業には翳りが見え始める。石炭から石油へというエネルギー革命の波の中で、三井田川鉱業所は昭和39年に閉山。昭和45年には田川から全ての炭鉱の灯りが消えた。

炭鉱には事故がつきものだ。たとえば田川にあった方城炭鉱では、大正3年に日本最大の炭鉱爆発事故が発生した。三菱炭鉱が公式発表した死者は671人。死者数の根拠となった名簿に漏れた人も少なくなかったとされ、地元では「1000人を超えている」と噂された。

かつて炭鉱には毒ガスを感知するためにカナリアが持ち込まれていた。火事や爆発が起こった場合、一酸化炭素のような致死性のガスが発生することがある。人間よりも影響が早く現れるカナリアは毒ガスの発生を知らせる警報器として機能したのだ。

死と隣り合わせの危険な仕事。高い日当をあてにして、全国から命知らずが集まってきた。

彼らの多くは刺青を入れていた。刺青は「一人前」の証であったことから、新参の鉱夫もこぞって入れたという。稲冨は語る。

「理由はそれだけではないと聞いています。図柄は龍や仏様などが多いのですが、それは地底の魔物から身を守ろうとした、いわば『お守り』の意味があったこと。また、落盤や爆発などで命を落としたとき、顔で識別できなくても、刺青の紋様で個人が特定できるという事情もあったのです」

エネルギー革命によって炭鉱が閉鎖することは、自治体の財政基盤の悪化と、街に失業者があふれることを意味する。人口の流出もあったが、田川を含む筑豊は炭鉱住宅に住み続けることができたため、生活保護受給者が増えることになった。たとえば１９６０年代後半の田川・糸田町の生活保護受給率は、全国平均の20倍以上であった。

「土地を掘りこして地盤が悪くなった筑豊には、国から多額の予算がつき、土木、建設業が盛んになりました。利権の奪い合いで、政治家、経営者、暴力団の見分けがつかない状況になり、アウトローたちが跋扈する街になってしまったのです」

稲冨の少年時代から青年期も、田川にはそうした〝空気〟が色濃く漂っていた。だから稲冨に限らず、この地で暮らす子どもたちは、だからかなりのタフネスさを要求された。稲冨は昭和のテレビドラマにたとえて、「街全体が『スクールウォーズ』だった」と表現する。校内暴力は日常茶飯事だったし、学校の外に出れば、不良たちからふっかけられる喧嘩を買わなければならないことも少なくなかった。

小学生の頃の稲冨は、自然とクラスの中心になるようなリーダー性をすでに発揮していた。腕っ節も強かった。

ただ、暴力的な力は、仲間のために使った。そんな稲冨をしたって、周囲に子分たちが集まってくるのは、ごく自然な流れだった。

そうやって自分の居場所を勝ち取っていく一方で、稲冨はこの町を飛び出るための物語を探してもいた。そんな少年に希望の光を与えてくれたのが、サッカーだった。6歳の時、地元のクラブチームに入ると、持ち前の運動神経の良さですぐに中心選手となり、キャプテンの座を獲得するまで、それほど時間はかからなかった。

夢はサッカー選手。Jリーグ発足以前のことだが、プロサッカーリーグ設立の機運は高まっていて、有名選手にスポットが当たり始めた頃だった。

「サッカーで一流になって、この町を出て、都会で成功する」

幼心にそう決心したのは、1日も早く母に楽をさせたいという気持ちからだった。だから練習に集中した。実力はさらに向上し、中学校のサッカー部でもストライカーとして活躍した。

●

少年、稲冨の夢を打ち破ったのは、彼が脱しようとしていた「荒くれた町」そのものだった。

中学校の部活の対校試合。ピッチの周辺には不穏な空気が漂っていた。「応援」の名のもとに、鉄パイプや模造刀、金属バットなどの武器を持った両校の卒業生たちがバイクで乗り付けて睨み合うのだ。

言わば暴走族に囲まれた試合。そのこと自体は、珍しくなかったが、この日、両校の卒業生のボルテージは試合前から高まっていた。

「おら、潰しにいけよ」

「おまえたち、負けたら殺すぞ」

タバコをくわえた自校の先輩たちの声を背中で受けながら、稲冨は「今日は相当に荒れそうだな」と直感していた。相手の学校の卒業生たちも、キックオフの前から汚い野次を飛ばしていた。

試合の中盤、激しい接触に選手同士が感情的になって体を押し合った。一方が相手に砂をかけたのを契機に両陣がぶつかり合う。乱闘だ。

選手だけではない。卒業生たちが一気にピッチに駆け込んでくる。この時を待っていた不良たちは、獲物を求めて、喜色満面で腕を振り上げてくる。鉄パイプや金属バットが躊躇なく振り下ろされる。

稲冨の前にも、そりこみを入れた男が立ち、激しい蹴りを入れてきた。相手は高校生、体格差は歴然としていたが、このままやられるわけにはいかない。背中を見せたら、明日からこの町で生きていけなくなるからだ。稲冨にとっては、それくらい切実な状況だった。

稲冨は相手の蹴りを防御するために、自らも蹴りを放った。足と足がぶつかった時、パリッというような軽い、くだけるような音がして、同時に稲冨を激痛が襲った。

試合は中止。稲冨は右足を引き摺って、なんとか友人の自転車の荷台に乗ったが、どうにも痛みが止まらない。どんなに激しい喧嘩の後でも、痛いそぶりなど見せない稲富だが、波のように押し寄せる痛みに、さすがにうめき声が漏れる。

「幹也、おまえが痛がるとか、おかしいって。医者に診せたほうがいい」

「いや、そんな大げさにせんでいい。家まで連れてってくれれば、それでいい」

稲富の言葉に反して、友人はペダルに力を込めて病院へと向かった。

診断の結果は右足の骨折。この怪我が治るまでの3カ月、当然、サッカーの練習はできない。

「どうせ、真面目にやったって、つぶされるだけ。だったら、やられんように、もっと力をつけるしかない」

稲富はサッカーに戻ることをせず、不良たちとの付き合いを濃くしていった。

こうして母思いの少年が抱いたサッカー選手になるという夢はあっけなくついえたのだった。

●

その後の稲富は、地元の不良のリーダーの一人となった。喧嘩が強く、度胸が据わっていた。仲間たちとバイクを乗り回しもした。

現在、エムスタイルジャパンの経理のリーダーである瀬川敏にとって、稲富は同じ地元の3歳上の先輩。保育園に通っていた時から「近所のお兄ちゃん」として稲富を慕ってきた。

「印象としては、今とほとんど変わりません。根っからのリーダーでした。当時の田川は不良だらけ。稲富もその中のリーダー格の一人ではあるんですが、友だちや仲間を大事にする心のある人だから、まったく恐くなかった。ぼくの同級生たちの間でも憧れの存在で、今でも地元に帰ると、友人たちから『稲富さん、どうしてる?』って聞かれます。狭いエリアではありますが、地元では有名でしたね」

瀬川自身はこの町にあっても「真面目」なタイプ。だからよく不良に絡まれたが、間接的に稲富に救われることが多かったという。

「たとえば、因縁をつけられて、『おまえ、どこのもんや!』と聞かれるので、『方城町です』と答える。すると、相手が微妙な顔をするわけです。方城町と言えば、稲富。こいつに手を出すと、稲富が報復に来るかもしれない。だから『ふーん、おまえ、方城町や。もう行っていいぞ』となる。それくらいの影響力がありました」

同じ地元の仲間や後輩がいじめられていたら、何がなんでも助ける。そんな稲富のことを、他の不良たちも恐れていたのだ。

今や隙間時間を見つけては、書籍を読み耽る稲富だが、子どもの頃は勉学に興味を持てなかった。人一倍、一つのことについて深く考える傾向と、前提それ自体を疑う姿勢は、幼い頃から持った特性だったにも関わらず、である。

小学生の頃、ある日、稲富は「人間は地球人ではない」という考えに至った。地球規模で起こる問題の多くは——たとえば戦争や環境問題は、人間が自ら引き起こしていることに気付いたからだ。まだ「自然の摂理」という言葉を知らない時のことだ。近しい人に話してみたが、稲富の考えをそのまま理解できる相手はいなかった。

中学生になると、深く考える傾向はさらに強まった。稲富が通う中学校では「男子は丸刈り」と決まっていた。稲富は教師に尋ねた。

「なんで、男子は坊主なんですか」

「それが中学生らしいからだ」

「じゃあ、なぜ女子も丸刈りじゃないんですか」

「……」

「丸刈りが中学生らしいならば、女子もそうするべき。なぜ男女で違うんですか」

「それが校則だからだ！　能書きばっかり言いやがって」

稲冨の本質的な質問は、いつも教師たちを苛立たせた。

稲冨にしてみれば、教師をからかいたかったわけではない。ばかにしてもいない。反発でさえない。それは純粋な疑問であり、議論がしたかったのである。しかし、その真意が汲み取られることはなかった。

多くの人が「常識だ」と見逃すことに疑問を持ち、一人で真剣に考え続ける。これは現在の稲冨を支える重要な特性の一つだが、残念ながら、周りにそれを長所と見る大人はいなかった。

もし、彼の向学心を刺激する教師がいたら、稲冨はどうなっていただろう。今とはまったく違った人生が展開されていたことは間違いない。勝手な想像だが、研究者になっていたのではないか、と思う。白衣を着て試験管を振る稲冨——これはこれで、見てみたい気がする。

●

しかし、現実の稲冨少年の胸には、大学に進む気などこれっぽっちもなかった。そんな暇があるのならば、早く社会に出たい、1日も早く働きたいと考えていた。その第一の理由は、やはり母のためだった。

「とにかく生活を楽にしてあげたくて……。そのためには、なんと言っても金。稼げる仕事に就きたかった」

手っ取り早く稼げる仕事。当時の稲冨にとって、目に入る範囲には土木建設業しかなかった。

いや、あるいは極道という選択肢もあったのかもしれない。先輩から組の事務所や賭場に連れて行かれることもあったし、稲冨の〝才能〟に目をつけて、スカウトをかけてくる者もいた。稲冨の同級生の中にも、組に〝就職〟する者が何人もいたし、彼らの景気の良い話も聞いた。

しかし、稲冨は彼らに、どうしても馴染むことができなかった。町には任侠と呼ぶにふさわしい有力者がいて、そんな「人物」には憧れた。しかし、自分と年が近い組員たちは、仁義の本質を理解しているとはとうてい思えず、いつも金儲けの話ばかりで、単に弱い者をいじめているに過ぎなかった。

「極道の世界に入った友人と、自分は何が違ったのか。正直、わかりません。ただ、私は広い世界を見てみたいと思っていた。だとしたら、刑務所なんかに行っている場合じゃないから」

稲冨は一人親方として、必死になって働いた。ただ、朝から晩まで働いても、稼げる金は月に十数万円。「俺の人生、こんなもんか」と虚しい気持ちになった。

もちろん、こんな時には持ち前の上昇志向が腹の底からふつふつと湧き上がるのが稲冨だ。どうすればもっと稼げるのか。「そうだ、一人だから限界があるんだ」と思った瞬間には、すでに仲間たちに連絡を取っていた。

1年が経って19歳になる頃には従業員が5人に増えていた。地元には就職していない友人が少なくなかったので、彼らに声をかけて、まっとうに働いて報酬を得る喜びを分かち合った。業務の拡大に合わせて法人化し、稲冨は代表取締役、社長に就任した。

主な業務は型枠大工や鉄筋業といった専門業のいわゆる「人夫出し」だ。当時は仕事が多く、人手不足の状況だったこともあって、経営はすぐに軌道に乗った。

それから3年間は昼も夜もなく働いた。土日も休まず、正月に2日、盆に2日以外は、肉体を酷使して、それを金に替えた。

1996年、22歳になった時、稲冨は会社に少しだけ余裕ができていることに気づいた。従業員数は30人を超え、投資できるだけの預金残高もある。それならば、「もっと儲かる仕事」に資金を投入してみてはどうだろうか。稲冨にとって魅力的な仕事は山ほどあった。稲冨は事業の多角化に乗り出すことに決めた。ここまで自分を育ててくれた建設業には感謝していたが、同時に息苦しさも感じていたからだ。

建設業で実績を上げると、町の指定業者になり、公共工事に参画できるようになる。次は市の指定業者に、そして県の指定業者に、いずれは国に、という構図がある。

「ただ、他の地域に出て行くためには、そこで会社をつくらなきゃならない。なるほど、これは政治と結びついているのか、と。俺たちは集票の駒なのか、と」

稲冨は政治と金と反社会勢力が複雑に絡み合った、大きなシステムに取り込まれていることに違和感を覚えた。巨大な構図の中に自分を押し込むには、ヴァイタリティが強すぎた。

学生の頃は学校の教師やＰＴＡといった大人たちに支配されていた。そこからようやく脱したと思ったら、また大人たちの操り人形なのか。いや、むしろ学生の頃は反発して自由にやることもできた。それが今では、抵抗さえ許されない、がんじがらめの状態だ。

「まあ、こちらに力がなかったからでもあるんですが、大人たちが作った枠組みから抜け出したいという気持ちはありました」

腹の底には「一気に成り上がりたい」という思いもあった。建設業でコツコツと拡大していくのはもちろん悪くない。そう思う一方で「急成長できるビジネスでビッグマネーを手に入れてみたい」という欲もあった。そうすれば人生は変わると、当時の稲冨は信じていた。

だから基準は「何が儲かるのか」である。飲食なのか、貿易なのか、リサイクルなのか。稲富は目についた「儲かりそうな事業」のすべてに手を出した。そのすべてが成功したとは言えないものの、かなり高い確率でビジネスとして成立し、いくつかは高い収益も叩き出した。

一つ例を挙げるならば、非鉄金属の貿易業だ。当時はリーマンショックが起こる前で、非鉄金属が大きく値上がりした時期だった。

軽トラックでクーラーなどのアルミやバッテリーなどを回収して、中国企業に販売するビジネスだ。軽トラック自体を保有できない人に対しては、稲富の会社で購入した30台を、1カ月あたり1台1万円でリースするスタイルを考え出した。今で言うサブスクリプションモデルである。それで廃品を回収してもらい、買い取ったものを中国企業に売るという仕組みを作りあげたのだ。これが誰から教えられたわけでもない、稲富の「ビジネスセンス」だ。

後の話になるが、この時の経験が、ツバメの巣の事業に生きた。

「非鉄金属を1000トンほど集めて、チャーターした船で中国人と取引をするわけですが、相手はあらゆる不正をやってくる。一般的には日本にいる中国人と、本土の中国人がやりとりする業界なので、日本人の私たちはなめられているんです。だからこっちも激しく主張することになる。そういうのは、子どもの頃から地元で鍛えられているので、向こうの脅しには動じない。逆に『うるせえ。おまえらなんて信用できるか！　先に金を振り込まないやつに、品物を渡せるわけがないやろ！』と返したりね。まあ、そんな言い合いを続けながら、だんだんと仲良くもなっていくのですが……。外国人との交渉のノウハウが身についたのは、この事業を手がけたおかげですね」

この非鉄金属の貿易業は、グループに大きな収益ももたらすビジネスとなった。多角化を成功させ、稲富は青年実業家となった。その頃は「高卒でも、こうして社会の中でそれなりに通用するんだ」と自己評価することができたし、まわりも「若いのにすごい」とほめてくれた。まだまだ「成り上がった」とまではいかないが、そこへ辿り着くための線路には乗っていた。

昔に比べれば生活水準も上がった。自由に使える金もある。親にも恩返しができている。仲間たちも増えた。

望んだ未来を創り出した稲富は、社会に出た頃に想像していた通り、これで幸せを手にした……はずだった。

●

しかし、訪れた現実は、想像とは全くと言っていいほど違った。満たされない思いを抱えたまま、26歳になった稲冨は、突然、気づいてしまったのだ。

「俺は金を追っているだけで、夢を追っていない」

自らそう言語化した瞬間、事実は硬いムチとなって、稲冨の心を打ち砕いた。しかも痛みは治まることがなかった。傷口からは、どくどくと赤い血が流れ続けているようだった。

「俺はなんという虚しい生き方をしてきたのか」

そう思うと、目の前が暗くなった。

どの商売に手を出すかどうかは、「儲かるか、否か」で決めてきた。だから、「あっちのほうが儲かりそうだ」と、常に青々とした「隣の芝生」ばかりが目についた。一貫性がなく、いつも右往左往している。俺はいったい、何をしてきたんだ。

いつも前向きで元気だった稲冨が、すっかりふさぎ込んでしまった。それまでは人一倍、体と頭を使って働いてきた稲冨だったが、何をする気も起こらず、自宅の部屋で一人、堂々巡りの思考に苦しみ続けた。そんな日々が、実に3週間も続いた。生まれて初めてのことだった。

「いくら事業を多角化して、従業員を増やし、利益を出しても、心は虚しかった。俺はなんのためにこの世に生まれ、なんのためにこの命を使うんだ。俺は人間が作った日本銀行券を追いかけるために生きているのか。そうじゃないはずだ」

散々考えた挙句、ようやく決心がついた。

「もう金は追わない。夢を追う」

ぱっと視界が開けた瞬間だった。

ただ、問題があった。果たして夢とは何か。考えた結果、自分なりの条件が見えてきた。

一つは世界に打って出られるもの。

「たとえばベーカリーだとしたら、『世界一のパンをつくって、世界中の人に食べてもらうんだ』という目標。これは立派です。ただ、それだけでは物足りなかった」

だからもう一つの条件として「自分しにかできないこと。誰もやっていないことを見つける」と定めた。

そして、「それに出会ったときは、たとえ今まで作り上げてきたものが壊れようとも、振り向かずに突き進む」と決めた。壊れるのは、たとえば作った会社であり、貢献してくれた従業員であり、将来的に家族ができるとしたら、その家族である。すべてを失うとしても、危険にさらすとしてもチャレンジする。そんな強い誓いだった。もう、後悔だけはしたくなかった。

その日から「なんのために生まれてきたのか」を探す、自分探しの旅が始まった。日本はもとより、世界各国に出かけて、「何か見つかるかもしれない」と探し回った。中国、東南アジア、ヨーロッパ、アメリカ……訪れた国は15カ国に及んだ。その中で「儲かりそうな仕事」にはいくつも出会ったが、しかし、「誰もやったことのない仕事」が、なかなか見つからない。

10年間は虚しさの中で、生きた心地のしない時間だった。

「3600日ですよ。長かった。暗いトンネルでした」

そこから脱出させてくれたのが、ツバメの巣との運命的とも言える出会いだった。

「どんな険しい山であっても、この山を登りたい。中腹で霞や霧がかかるかもしれないけど、命を落とすかもしれないけど、この山を登りたい」

36歳の、あのときに感じた激烈な思いを、稲富は暗い子供部屋で思い出していた。

「あの悪夢のような10年間、もし、自分の夢に出会ったら、たとえ家族がバラバラになっても、夢の実現をあきらめないと決めたじゃないか」

あらためて、そう自分に言い聞かせた。

体の底のほうから、ふつふつと湧きあがるものを感じた。

こんなところで挫けるわけには行かない。小さくそう呟きながら、稲富は静かに立ち上がった。

●

資金ショートが目の前に迫っていたこの時期に起こった、稲冨という人間を象徴するエピソードを書き留めておきたい。

稲冨が子供部屋で涙する、少し前の話である。

友人の会社が危機に瀕していると聞いた稲冨は、財務の瀬川に「ありったけの金を持って来い」と指示した。瀬川は最優先事項として取り組み、結果を伝えた。

「しぼりだして、どうにか2000万円です」

「わかった。じゃあ、それを今すぐ現金にしてくれ」

この世界の誰よりも信頼している社長であり、兄貴である。いつもならば、黙ってその指示に従う瀬川だったが、この時ばかりは一言、伝えずにはいられなかった。

「こんなこと尋ねて、すみません。でも、社長、この金、どうするんですか」

「親友のために持っていく」

「これがなくなったら、さすがにうちがヤバい。ご友人の会社は救えるかもしれないけど、うちがつぶれます」

稲冨は瀬川の真剣な眼差しに心を打たれていた。命を賭けて進言してくれていることが伝わってきたからだ。これほどまでに、会社を、そして俺を思ってくれるのか。ありがたかった。しかし、ここはどうしても譲れなかった。

「瀬川、もしおまえの目の前で大切な人が溺れていたとする。持っている浮き輪を渡したら、今度は自分が溺れる。おまえなら、どうする？　浮き輪、投げるやろ？」

瀬川は自分の胸に問うた。

「溺れているのが稲冨だとして、俺なら、どう行動する？」

考えるまでもなかった。

「わかりました。なるべく早く用意します」

「ありがとう」

瀬川がかき集めた2000万円。100万円ずつ輪ゴムで束ねて、その束を20、スニーカーを入れる巾着に詰めて、バッグに押しこんだ。

マンションのインターホンに出たのは、小学6年生の娘だった。

「ああ、稲冨のおじちゃん」

「うん、ちょっと開けてくれる？」

玄関には、娘が一人で立っていた。

「パパかママは？」

「まだ帰ってきていません」

窮地の中で、できることのすべてをやっているのだろう。必死の形相で資金を工面する二人の顔が浮かんだ。

「そうか。あのね、これ、パパの忘れ物なんだよ」

「届けに来てくれたの？」

「そうそう、だから、渡しておいて」

小学生に大金を預けることに躊躇はあったが、「なるようになる」と思った。なるようになる――そう、この先、自分の会社がどうなるかよりも、今、正しいことができるかどうかが大切だ。もし、自分の行動が正しいのならば、最後は良い結果につながるはずだ。これは稲富の行動原理の一つである。

友人からは夜遅くに電話がかかってきた。

「おまえ、ふざけたことしやがって」

「いや、おまえの会社の規模から言って、その金じゃ、1カ月の運転資金にもならんのはわかってる。焼け石に水かもしれんけど、取っといてくれ」

「ばかにするな。俺がこれくらいで死ぬと思っとんか！　おまえの世話にならんでも、すぐに切り抜けて見せるわ！」

そこで電話はブツリと切れた。以後、その友人は稲冨からの電話に出なくなった。

1カ月後、友人の妻から稲冨の妻へ連絡があり、「会社はどうにか持ち直した」こと、稲冨が持ってきた資金のことを、「夫は本当はすごく感謝していた」ということを聞いた。2000万円はそのまま戻ってきた。

「とんだ勇み足。バカげた男の友情物語ですよ」

そう言って笑う稲冨に、男たちは惚れるのである。

●

もうひとつ、これも稲冨という男を象徴するストーリーだ。

会社の余命宣告を受けた稲冨は、そのことを妻に告げた。なぐさめてほしかったわけではない。これから起こるかもしれない事態に、どう対処すべきか、伝えておくためだ。

「すまん。俺もひょっとしたら、ここまでかもしれん。ただ、引くに引けんから、ギリギリまで必死で戦うつもりだ。それで、もし、会社がだめになったら、これで1年間、子どもたちの面倒を見てくれ。その後のことは、また考えよう」

稲冨はなんとかかき集めた、まとまった現金を妻に渡してそう言った。妻は気丈に「わかりました」とだけ答えた。妻はこのことを自分の胸にしまったが、ただ一人、実の姉にだけは話した。

数日後、稲冨の携帯電話が鳴った。世話になっている先輩経営者だ。住宅業界で売上高1000億規模の企業を創り上げた立志伝中の人物で、その時も飛ぶ鳥を落とす勢いで成長を続けていた。

「ミキちゃん、今夜、久しぶりにメシに行こう」

心中はそれどころじゃなかったが、しかし恩のある先輩からの誘いは断れない。稲冨は待ち合わせの鮨屋へと向かった。暑い、夏の宵だった。

先輩は仕事の話は一切せず、稲冨と世間話に興じた。

「ミキちゃん、もう1軒付き合えよ」

そう言われたら、断る道はない。クラブのホステスに接待を受けても、稲冨の意識はすぐに会社の窮状に向かう。カラオケではしゃぐ先輩を見て、「俺の気も知らず、呑気なものやなあ」と思っていた。

「最後、もう1軒、バーに行こう」

それどころじゃないんです、という言葉を飲み込んで、稲冨は先輩の背中について行った。こうなったら俺も飲むぞ。カウンターに座って、ウイスキーをあおった。

それほど酒に強くはないことを知っている先輩は、「いい飲みっぷりだ」と言いながら、稲冨の肩に優しく手を置いた。

「なあ、ミキちゃん、大変なんだって?」

「大変って何がですか」

「会社に決まってるだろう。5000万円用意したから、口座番号を教えろ。利子も担保もいらん。期限もなしでいい」

不意をつかれた。鼻の頭が一気に熱くなる。稲冨は嗚咽を必死にこらえた。

「社長、ありがとうございます。ただ、俺、それをもらってしまったら、俺が俺じゃなくなってしまう。まだ、俺は生きてるから、やれることはあります。死ぬ気でそれをやります」

「ばかやろう。『おまえ』が借りるかどうかなんて聞いていない。『俺』が貸すと言っているんだ。お前は黙って口座番号を教えればいい」

「わかりました。じゃあ、俺の会社がだめになったら、少しの間だけ、俺の家族の面倒を見てください」

「ほんと、頑固な男やな」

「すみません。俺、今、金はないけど、おかげで心は満タンになりました」

バーを出ると、街はまだ日中のような暑さだった。先輩は「がんばれよ」と稲冨の背中を叩き、夜の灯りの中に消えていった。稲冨はその背中が見えなくなるまで、頭を下げ続けた。

数日後、地元の筑豊にある会社の会長に呼び出された。そのときに稲冨はピンときた。なるほど、妻の姉から話が漏れているのだ、と。先輩も会長も、彼女の人脈だ。面倒なことにはなったが、善意からの行動だ。それに、伝わってしまったものは今さら仕方がない。

会長室に入ると、借用書を渡された。額面は奇しくも5000万円。しかも条件はやはり無利子、無担保、無期限である。

「なんも言わんで、持っていけ」

稲冨は何度も感謝を伝えながら、しかし、申し出を断った。

「きさま、俺の言うことが聞けんのか」

言葉は荒いが、その奥のあたたかい気持ちが伝わってくる。

「おまえは俺の息子みたいなもんや。持っていけって言いよろうが」

押し問答がしばらく続いた後、会長は最後、「稲冨、頼む。俺を『おまえに初めて金を貸した男』にしてくれ」と言った。

「会長、そんなお願いが、この世にありますか」

二人で大笑いした後、会長はなんとか借用書をおさめてくれた。

この話、実は3人目がいる。20歳の頃に稲冨が学んでいた日本拳法の師匠だ。彼は成功した実業家でもある。

出席した結婚披露宴で、たまたま同じテーブルに座った。稲冨が挨拶に行くと、師匠は稲冨に「いま、きついんだろう。お金を用意しているから、いつでも取りにきなさい」とそっと声をかけてくれた。

若い頃から何かと目をかけてもらい、いつしかそれは家族ぐるみの付き合いとなり、その当時で20年以上の関係となっていた。稲冨にとっては「恩師」という言葉でも言い足りないほどの特別な存在だった。

人生最大のピンチ。もし、胸に飛び込むならば、この人しかいなかっただろう。しかし、稲冨はこれまで同様、その有難い申し出を受けることはなかった。

師匠の言葉を思い出すたびに、涙が溢れそうなくらいの感謝を覚えたが、自分で決めた掟を守り抜くことは、稲冨の精神を明日へと繋ぐ命綱だったのだ。

ある日、稲冨が師匠に連絡をしてこないことを知った同門から電話がかかってきた。

「おまえ、先生に頼らんままで倒産したら、恨まれるぞ!」

彼は本気で怒っていた。

「先生にとっては、なんなく動かせる金やろ。もし、おまえの会社が傾いたら、それくらいで助けることができたのに、と後悔されるに違いない。頼らんとは先生に対する不義理やろうが。ちゃんと先生に相談しろ」

確かにその通りだと思った。しかし——

「すまん。俺は借りきらん。ここで借りるんやったら、死んだほうがましや」

同門の説得に納得しながらも、稲冨はそう答えてた。

「おまえってやつは、本当に……」

時が過ぎ、エムスタイルジャパンの経営が安定してから、師匠と会う機会は何度かあったが、あの頃のことに話題が及ぶことはなかった。

7年後、師匠と二人、鮨屋のカウンターに肩を並べた時、稲冨はふと疑問に思ったことを口にした。

「あのとき、いったいいくらの資金を準備されていたんですか」

師匠は「そういうこともあったな」と相好を崩し、少し上を向いて腕を組んだ。

「そうだな。思い出したよ。あのとき、私は幹也の会社は7000万円の金が不足していると読んだんだ。だから1億円の金を用意するように指示した」

命を受けたのは、師匠の会社の財務を長く取り仕切ってきた社員の一人だった。彼女は稲冨のことも、稲冨の妻のことも熟知していて、師匠と同様、いやそれ以上に、稲冨のことを思ってくれる、最高の理解者の一人だった。彼女は師匠からの命令に首を横に振ってこう言った。

「1億円では、足りません。2億円準備しますが、よろしいですか」

「君がそういうならば、間違いないだろう」

「それと、幹也さんは、このお金を絶対に受け取らないはずです。彼の首に縄をつけてでも引っ張ってきて、説得すべきです」

師匠は「あいつは、真剣な顔でそう言ったんだ。今となっては懐かしい話だな」と言って、盃の酒を飲み干した。

稲冨は涙があふれそうになるのを必死で堪えていた。自分の知らないところで。そんなドラマがあったのか。

「大将、これ、ワサビが効きすぎだよ」

そう言って、目じりの涙をぬぐった。

稲冨はどんなにつらい時も、誰にも相談しなかった。社員はもちろん、知り合いの経営者にも、親しい友人にも、妻にでさえ……。

それは、なぜか。

「だって、絶対に慰めてくれるでしょ。『よくがんばったから、もう十分だよ』『ツバメの巣だけじゃない。他にもいっぱい道があるから』なんて言われると、緊張の糸が切れてしまいそうで。だから近ければ近いほど、弱音が吐けないんです」

苦しい時は一人、坂本龍馬に関する書籍や映像作品を見て、自分を奮い立たせた。

「幕末の志士たちは腹を切って責任を取る。私もあの時代に生まれていたら、そうしていただろうと思うんです。生き恥をさらしたくない。だめになったら腹を切ればいい。そう考えると、勇気が湧いてきて、苦境に耐えることができました。今があるのは、龍馬のおかげです」

稲冨は身に降りかかる試練を、「天が自分を試している」と考えていた。「そうじゃなければ、こんな重たい宿題は出されないだろう」と。自分ではそれを「反骨精神」だと考えてきた。

「自分は人と変わった人生を生きると思っているし、生きたいと思っているし、生きるべきだとも思っています。そういうものを自分に課してきたんです」

試練に対して、恩義のある人たちからの助けを得て、安易にクリアしてしまうと、自らの反骨の生き方が貫けなくなる。それが稲冨の哲学だ。

しかも、稲冨には「究極に追い込まれた時にこそ、本来の自分の中にある何かが覚醒する」という根拠のない持論があった。倒産の危機に焦りながらも、その一方で「俺の人生、この程度の逆境は来て当然だ」とクールに思ってもいた。

3人の先達には感謝の思いでいっぱいだった。一生、足を向けて寝られない。そう思った。

しかし、この試練は自分の力で乗り越えなければならない。天なのか、ツバメなのか、自分を試している存在に、「俺はやれるんだ」という姿を見せなければならない。究極の瘦せ我慢をしながら、稲冨は必死に夜明けを目指していた。

●

子供部屋で立ち上がった稲冨は、残された時間の中で、なにをすべきかを考えた。ここにきて、あわててみても、仕方がない。今、自分が最もやりたいことをやろう。どうしても、やりたいこと……それは「ツバメの巣のエキス化」だった。

ある論文に「ツバメの巣を塗って傷を治す」という記述があり、「手術後の修復にツバメの巣を塗ったら効果があった」という実験結果が紹介されていた。

「塗る?」

稲冨の知っているツバメの巣は元来、乾燥したものだ。たとえばそれをすりつぶして粉末化することはできても、それでは皮膚に塗ることはできない。

もし、ゲル状になるとしたら、つまりはエキスが抽出されているはずである。そうか、ツバメの巣からシアル酸のエキスが取り出せれば、加工の可能性は一気に広がる。しかし、そんなことが可能なのだろうか。

疑問にぶち当たったら、どうしても解決したくなるのが稲冨の性だ。

「天然のツバメの巣を手に入れて、商品化したのはいいけれど、単に『売れなかった』で終わるのでは、死んでも死に切れません。どうせつぶれるなら、少なくとも、ツバメの巣の研究を一歩でもいいから進めたい、と思ったんです。そのためにもエキス化までは、なんとか辿り着くんだ、と」

そう心に決めて、ともにチャレンジしてくれる会社を探すと、広島に可能性のありそうなメーカーが見つかった。地方の中堅企業ながら、他が持っていない、高い技術力を保有しているようだった。なぜだかわからないが、ピンときた。

稲冨は即座に電話をかけると、言葉からほとばしる情熱が通じたのか、いきなり会長に繋いでくれた。熱い思いを必死に語った。

「ツバメの巣のエキス化、ですか。……できると思いますよ。いつ原料を持ってくることができますか」

会長の問いに「今から持っていきます」と答えた稲冨は、その足で新幹線に乗った。招かれた会長室。稲冨は一刻を惜しむように、ツバメの巣を会長に渡した。

「これの、エキスを抽出したいんです。できますか」

会長はにっこりと笑って「じゃあ、5日間ください」と言った。面談はあっという間に終わった。

きっちり5日後、会長から電話があった。

「稲冨さん、すごいものができましたよ。やっぱり天然のツバメの巣というやつは、とんでもないものなんですね」

会長の声も興奮でうわずっていた。

稲冨は資金難のことなど忘れて、実験の成功を無邪気に喜んだ。

「だって、鬼に金棒というか、ラーメン店で言えば『門外不出の秘伝のタレ』を手に入れたようなものですから。これがあれば、きっとビジネスを継続できると、そう確信しました」

新製品、「ツバメの巣エキスを使ったゼリースティック」は、瞬く間に開発が進み、商品化に漕ぎ着けることができた。

2015年に発売すると、すぐに火がついた。

ツバメの巣に対する抵抗感が、ゼリーでの摂取という方法で、一気に解消されたのだ。ファンは爆発的に拡大し、効用を感じたユーザーは、美巣の他のシリーズも購入してくれた。

「エキス化は私の夢であり、同時にあの状況の中では『最後の足掻き』でした。そのエキスに倒産の危機を救われたことには、不思議な運命を感じます。ギリギリのところでツバメに助けられたのかな」

●

実はこの「エキス化」こそが、美巣のコア技術である。もちろん、マレーシアの秘境からまぎれもない本物のツバメの巣を仕入れられる点が、最大の特徴であり、競争優位性であることは間違いない。それくらい革命的な商品なのだ。

「機械にツバメの巣を放り込んでおけばできるというものではありません。たとえば何を一緒に投入すれば、エキスの高濃度化が実現するのか。トップシークレットですが、一つだけ言うならば、微生物の力を利用することは一つの重要な鍵です。何を、どれくらいの量、どのタイミングで入れると結果が出るのか。これはそう簡単に辿り着けるものじゃない。もちろん、日々、高度化しています。抽出法に関しては、最初に成功してから現在まで改善を続けていて、当初と比べれば飛躍的な進化です。その意味でも、競合が私たちに追いつくのは難しいと自負しています」

ツバメの巣ハンターとして、その行動力が注目される稲冨だが、実は研究者としての一面も持ち合わせている。地道な研究に裏打ちされた技術力、開発力が、実はエムスタイルジャパンのメーカーとしての背骨なのである。

また、このエキス化はこれまで美巣で取り扱ってきた一級品以外のツバメの巣を利用することを可能にする、という大きなメリットがある。

「高級なカニをイメージしてもらえばわかりやすいと思うのですが、たとえば、足が1本でもなければ、価値がグンと下がります。ツバメの巣にも成分は同じなのに見栄えがよくないだけで二流品になっているものがあります。それらをエキスの素材として使用しているので、ゼリースティックのような価格が実現しているともいえます。さらに研究を進めれば、たとえば子どもたちに毎日食べてもらえるような製品も生み出せるかもしれない。エキス化の研究は、私たちの可能性を広げる重要な施策なのです」

ともあれ、ゼリースティックの売り上げで、資金はなんとか回転し始めた。余命宣告からの奇跡の生還。エムスタイルジャパンは首の皮一枚で生き残り、なんとか成長路線に乗ったのである。

半年後、エムスタイルジャパンは設立してから初めての単月黒字を叩き出した。稲富はその月、創業以来、初めて自分の給与を取った。20万円だった。

稲富はその初めての給与を妻に手渡しした。妻はその現金でスーパーで食材を買い、夕食を作った。家族であたたかいテーブルを囲む。

「おいしい、おいしいと料理を頬張る3人の子どもたちを見て、『よし、やった。自分の夢で子どもに飯を食わせることができた!』と思いました。リアルな実感ですよ。うん、あの時は本当にうれしかった」

エムスタイルジャパン、そして美巣は、ようやく地に足がついた。

●

苦境の中にあっても、稲富は毎年、ジャングルを訪れていた。

2015年、知人から勧められてジェトロ(日本貿易振興機構)のクアラルンプール事務所の所長を訪問した時のことだ。稲富は初めて、ジャングルがあるボルネオ島のサンダカンが危険区域に指定されていることを知った。

しかも「レベル３」――渡航禁止勧告である。これは、「どのような目的であれ、渡航をやめろ」というアラートだ。ちなみに最上級の「レベル４」は退避勧告。「渡航」という面で言えば、レベル３ですでに最も危険なエリアという判断が下されていることになる。所長はやわらかな表情で言った。

「というわけで、サンダカンには行かないでください。勧告が出てなくとも、そもそも外国人が入れるようなエリアではないんですよ」

確かにマレーシアに通うようになって会うようになった政財界の大物たちは決まって、「どうやって、あそこに入れたんだ?」と聞いてきた。

「外国人であるあなたが入れるはずがない。どんなバッジを使ったんだ。日本のものか、マレーシアのものか」

「バッジ?」

「政治家だよ。どんな大物がからんでいるんだ?」

そう聞かれるたびに、実際にジャングルを訪れていることが、極めて稀なことだと再認識する稲富だった。

だから所長の警告は十分に理解できた。

「あ、はい。レベル3……なんですもんね。ええ、気をつけます」

稲冨の軽い返答に、所長の口調が急に厳しくなった。

「いや、稲冨さん、『気をつけます』とか、そんなレベルではないんですよ。私は『あなたが狙い撃ちされる可能性がある』と言っているんです」

詳しく説明を聞くと、危険である最大の理由は猛獣たちでも、現地のマフィアでもなく、「イスラム過激派」であることがわかった。

当時、ＩＳＩＳはフィリピンのミンダナオ島で活動していたが、ドゥテルテ大統領が厳しく排除に乗り出したので、島を渡って南下してサンダカンに潜伏するようになっていた。彼らは資金稼ぎのために、外国人の誘拐を繰り返していた。彼らによる強盗殺人や身代金目的の誘拐は2015年の1年間で実に147件にのぼった。

「稲冨さん、ツバメの巣は毎年、同じ時期に採れるでしょう。ジャングルに入る人の中で外国人は、稲冨さん、あなた一人ですよね」

「ええ、そうです」

「イスラム過激派は『ツバメの巣で儲かっている日本人が、この時期にやってくる』と、きっと認識しています。稲冨さん、彼らはあなたを特定した上で、狙ってくるわけです」

背中に寒気が走った。武装した複数の男に囲まれれば、さすがの稲冨も手の出しようがない。

調べてみると、その年の5月、あのエビ料理を食べて以来、稲冨の行きつけになり、唯一のオアシスとなっていた『海上皇餐廳（オーシャンキング・シーフードレストラン）』のオーナー夫妻が、イスラム過激派に誘拐され、一人が半年後に解放、一人が殺害されるという凄惨な事件が起きていた。

オーナー夫妻とは友人のように笑い合える仲になっていただけに、胸が痛んだし、危険が自分のすぐ近くに存在していることを実感として理解した。

福岡の本社に戻った稲冨は全社員を集めて、サンダカンがレベル3の渡航禁止になっていること。その最たる理由がISISであり、かなりの数の誘拐、殺害事件が起きていることを説明した。誰もが、稲冨の口から「だから渡航はしばらく見送る」という言葉が出ると思っていた。

「そういうわけで、みんなに言っておきたいことがある。まずは、中期経営計画を見てくれ。もし、俺が死んだら……」

社員の間にどよめきが波のように広がる。

「いや、もちろん、万が一、の話だ。みんな、落ち着いて」

社員の動揺が収まるまで、稲富はしばらく待たねばならなかった。

「いいか、みんな。繰り返すけど、これは万が一の話だ。ただ、その万が一が起こったら、今の計画のように急がなくていい。毎年の成長率を下方修正して、じっくりとブランドを作っていってくれ。わかっていると思うけど、卸業はしないように。ゴールは100年後であり、300年後だ。自分たちで大切にブランドを構築していくことが、何より大切な美巣の使命だからね」

社員たちは真剣な表情で頷いている。

「社長は兄に就任させる。ただ、社長と言っても、株式の関係といった財務的な処置で経営には口出ししないように話をしているから安心してくれ。みんなの考えで経営していってほしい」

一人の社員の手が挙がった。

「社長、今の話、正直、ショックでした。社長がいなくなるなんて、考えられません。でも、同時に社長が命を賭けて美巣をお客様に届けようとしている、その思いを、あらためて強く感じました」

稲富は満面の笑みでうなずいた。

「ありがとう。大丈夫。俺はそう簡単には死なないよ」

社員の間に微笑みが戻った。

「結局のところ、『腹をくくる』というのが私の経営論です。経営学の教科書には絶対に載りませんけどね。でもね、本心なんですよ。自分で人生をかけて登りたい山を見つけたならば、後は腹をくくれば何となるんじゃないかなってね」

現在、この稲冨の〝遺言〟は文面化され、状況の変化に合わせてアップデートされ続けている。さらに言えば、現在の稲冨のジャングルでの活動は、以前よりもずっと安全になっている。最強の護衛がついているからだ。

その護衛とは誰かを語るには、あの世界的リーダーについて話さなければならない。

●

2013年7月、稲冨は懇意にしていた福岡県の職員に、「マハティールが福岡に来るから会わせてほしい」と願い出た。

マハティール――言わずと知れたマレーシアの国父とも言うべきリーダーだ。

先進国を除けば、ネルソン・マンデラ、リー・クワンユー、アウンサン・スーチー……世界中の人に知られたリーダーとなると、それほど多くないはずだ。もちろん、マハテイール・ビン・モハマドもその一人である。

マハティールは1981年に首相に就任し、日本を手本として国の開発を進める「ルックイースト政策」を推進したことで、アジアだけでなく、世界からの注目を集めた。90年代のGDP（国内総生産）の成長率は実に9％台で、96年にはなんと10％の大台に載せた。

稲冨が「ツバメの巣」に自分の人生を賭けようと直感した、クアラルンプールのビルの屋上でのパーティ。あの日、稲冨が見上げた超高層ビル・ペトロナスツインタワーは、マハティールの奇跡的とも言える経済政策の成功を象徴するものとして、98年に完成したのだ。

その世界リーダーに会いたい。稲冨の無謀とも言える申し出に、県の職員は冷静にうなずいた。

「稲冨さん、じゃあ、マハティールさんとの太いパイプを持つ日本人女性、加藤さんに当たってみます」

加藤暁子氏――毎日新聞の特派員時代に当時のマハティール首相をインタビューして書籍化、日本の次世代リーダー養成塾専務理事・事務局長、公益財団法人AFS日本協会理事長などを歴任する才媛だ。

数日後、「加藤さんと連絡が取れた」と、県の職員から電話があった。

「まずは『なぜマハティールに会いたいのか、メールでいいから送ってほしい』とのことでした」

会えるかもしれない――電話を切った稲富は展開のスピードに一瞬、ぼうっとしたが、両頬を手のひらで叩いて自分を現実に戻した。

「俺はマレーシアのためになることに必死で取り組んでいる。マハティール首相はそんな俺に会うべきだ。俺はそれほどの男だ!」

そう自らを奮い立たせて、すぐにパソコンの前に座った。

「私は燕の巣、マレーシアに人生を懸ける覚悟をしています。燕の巣革命を起こそうと考えていて、その革命は必ずマレーシアのためになると確信しています……」

いったん書き始めると、止まらなくなるほど、あふれる思いが文章になっていった。魂の言葉だった。

ほどなくして返事がきた。

「15分間だけ、面会を許可します」

面談の当日、ホテル日航福岡の14階は、ワンフロアが貸切になっていて、複数のＳＰが警護にあたっていた。エレベーターを降りると、加藤氏が待っていてくれていた。通訳を買って出てくれたのだ。

部屋に入り、握手を交わして、ソファに座るまでは緊張したが、ひとたび話が始まれば、いつもの稲冨だ。情熱の炎を発しながら、熱い思いを語った。

ビジョンは明確だった。5年後にはこういう展開をしていて、10年後にはこの規模のビジネスになっているから、きっとマレーシアに貢献している。さらに、その先には……これまで数えきれないほどイメージし、トレースしてきたストーリーには、一点の淀みもない。

「20年後には、マレーシアを中心に世界基準を作って、この世界に新しいイノベーションを提案します。私はこのビジョンを絶対に実現します」

提示できる根拠など、何一つなかった。しかし、勢いだけは、その体躯が爆発しそうなほどにほとばしっていた。

マハティールは真剣に聞いてくれて、適切な質問を投げてくれた。15分間はあっという間に過ぎたが、マハティールはかまわずに話を続けた。

「ミスター稲冨、あなたの思いは十分にわかりました。それで、あなたのために、私は何をすればいいのか」

事前に考えてきたわけでもないのに、稲冨は即答した。

「いえ、何かをしていただこうとは思っていません。ただ、ひとつ。私の商品を持って写真を撮ってください。そして、その写真を自由に使う権利をください」

「いいでしょう」

それが美巣のウェブサイトにも掲載されているスナップである。稲冨にとって、それはあらためて世界に打って出るための強力なパスポートとなった。

それから7年後のことである。稲冨は２０２０年に加藤氏と再会する機会を得た。

「ああ、久しぶり。忘れるはずないじゃない。マハティールさんを相手に、自分の事業を熱く語り続けた稲冨さんね」

加藤氏は屈託のない笑顔で笑って右手を差し出した。稲冨は珍しく照れ笑いを浮かべて、その手を握りかえす。

「かんべんしてくださいよ」

「あなた、ツバメの巣の事業を続けているんですってね」

「ええ、おかげさまで、なんとか軌道に乗りました」

「それは、よかった。で、まだあんな危険なところに行ってるの？」

「サンダカンのことですね。はい、毎年のように」

加藤氏は小さく「まあ」と言って、眉を寄せる。

「あそこは本当に危険。他にどこかないの」

「わかってはいるんですが、まだ世界ブランドの確立という夢の実現にはほど遠い状況ですので、行かないわけにはいかないんです」

加藤氏はため息をついて「そこまで言うなら、仕方がない」と苦笑した。

「わかったわ。知り合いが近くにいるので紹介するから。何かあったらその人を頼ればいいから」

マハティール元首相との縁は、実はこの後も続くのだが、それは物語のラストに明かすことにしよう。

●

レベル3と知りながら、ボルネオ島、サンダカンのジャングルを訪ねていたちょうどその頃、稲富は初めて自分自身の手でツバメの巣を採取するようになった。

現地で働くハンターたちとはすでに友人のように仲良くなっていたが、ボスや幹部たちとはそうはいかない。彼らにとって重要なのは、ずばり金だからだ。だから、取引額が伸びていないうちは、露骨に「おまえ、また来たのか」「邪魔だ。何しに来た」と軽く扱われた。

苦境の中で唯一、稲冨が使える〝武器〟は、何時間でも語り続けることができる「夢」なのだが、そうした連中には効果はない。「ツバメの巣のブランド化？ お題目はいいから、どれくらいの量を買えるんだ？」「お客は他にもいる。金を持っていないおまえのことなんて知らん」という態度である。

逆に言えば、取引さえ大きくなれば、相手の態度は一変する。最初の訪問から4年目、取引額が増えると幹部たちと接触する機会が増え、これをチャンスと見た稲冨は「自分の手でツバメの巣をとらせてくれ」とアピールしてみた。

実はこれ、簡単なことのように思えるが、なかなかの難関なのだ。ツバメの巣は採取できるのが解禁日からの2週間ほどに限定されていて、時間も朝の8時から、夕方の4時までと決まっている。この間に、いかに多く採取できるか。ハンターたちは一刻を惜しみながら、一つでも多くの巣を取ろうと必死だ。

もし、稲冨に自身でツバメの巣を採取することを許せば、その間、はしごを一台、独占されてしまうことになる。素人が1個とる間に、優秀なハンターは10個以上を確保する。

1個の末端価格が2万円ほどだと考えると、この損失は大きい。そうした背景を十二分に理解していた稲冨にとって「自分にとらせてくれ」という台詞は、なかなか言い出しにくい一言だったのだ。

それでも稲冨は、自らの手でツバメの巣を採取する夢を諦められなかった。

「俺にとらせてくれないか」

「ああ、やってみるといい」

幹部は笑顔で梯子を指差した。

準備は整えていた。稲冨は竿の先に針がついた、長いモリのような道具を手に、梯子を登っていく。地上から30メートルほどの高さ。熟練者は100メートルほどの高所で作業するのに比べれば低い位置だが、いや、実際に登ると、かなりの高さである。

しかも足元はぐらつくハシゴ。下を見れば、恐れの波がやってくる。稲冨は視線を上げてツバメの巣を探し、慎重に針を突き刺す。軽くひねるようにすると、巣は思ったよりも簡単に壁からはがれた。

針に刺さった巣を手繰り寄せると、それは白く、尊い光を放っていた。

「とうとう、自分の手でとった」

自然と笑みが漏れる。下から見守っていたハンターたちの拍手が聞こえた。

この時から稲冨は、名刺に「ツバメの巣ハンター」という肩書きを入れるようになった。マレーシアの洞窟で、ツバメの巣を自らの手で採取する、ただ一人の外国人。無比のタイトルを手に入れたのだ。

こうして稲冨は本物だけを仕入れるルートと仕組みを確実なものとした。また、それをニーズに合わせて加工する技術を確立し、本物を求める一定数のユーザーを確保することに成功した。

さあ、ここからは稲冨が当初から直観していたブランド戦略の本格始動だ。

第5章　前人未踏の世界へ

ブランドを創る男――稲富幹也

思い出してほしい。

クアラルンプールのビルの屋上で、稲冨が「ツバメの巣」というワードを耳にしたあの時、稲冨自身が発した、彼の人生を変える質問を。

「ツバメの巣のトップブランドはどこ?」

そう、稲冨はまさに最初のコンタクトの時点で、「ブランド」を意識していたのである。

「ツバメの巣」と「ブランド」――それほど親和性の高い概念とは思えない。あのとき、なぜブランドの存在を確かめようとしたのか。

稲冨に何度尋ねても、「自分でもはっきりとはわからない」と言う。もちろん、この時点で、ブランド化の全体構想があったわけではない。ただ、口をついて出た言葉は「ブランド」だったと言うのだ。

それを「天の声」「ツバメの声」とするのは、あまりにも幼稚だろうが、そうとでも思わない限り、発想の飛躍と結合が見事すぎる。しかし、それが実際に起こった事実であり、あの一言が、それからの未来を決定づけたのだ。

稲冨、美巣が採択してきたのは、一貫してブランド戦略である。

マーケティング戦略であれば、「消費者が何を欲しがっているのか」を研究し、それに合わせて商品を開発し、値決めをしていくことになる。稲冨はこの手法を捨てた。需要のある商品を開発するのではない。需要は自らが生み出す。値決めについても消費者には聞かない。品質を維持しながら、ひたすらブランド価値を高めていく活動に注力する。その方針は創業以来、少しもぶれることがなかった。

エムスタイルジャパンを設立するとき、稲冨はこの組織を「ブランドを創造する企業」と位置付けた。「エムスタイルジャパンは何のために存在しているのか」という問いに対する答えは、だから「ツバメの巣のブランドを創造するためだ」となる。ツバメの巣を売るためではなく、あくまでブランドを創造することが会社のレゾンデートルだと、はっきりと決めたのだ。

ところが、このコンセプトは、なかなか理解してもらえなかった。美巣がネットでの販売に限定されていたこと、またダイレクトマーケティングのメッカである福岡で起業したこともあり、エムスタイルジャパンは「通信販売事業者」と捉えられることが多かった。そしてこの誤解は、今なお続いている。

確かに美巣が採用しているのは通信販売であり、稲冨自身、それを否定しているわけではない。ただ、目指すところが違う以上、通販業界の通例が、美巣には適用できないことが多い。たとえば販売促進を持ちかけてくる広告代理店と、稲冨はこの点でどうしても話が合わなくなる。

「これだけ投資すれば、いつまでにどれくらいのリターンがありますよ、という話ばかりで……。もちろん、利益を出すことは大切。ただ、私たちは売れる方法を知りたいんじゃなくて、ブランドを構築するために必要なことを知りたい。そこで話が食い違うわけです」

稲冨が自分の名刺に「ツバメの巣ハンター」という肩書きを入れているのは、エムスタイルジャパンがブランドの創造を目指す会社であることを知ってもらうためだ。

「この肩書きがないと、『ああ、通販ですね』で終わってしまうんです。ところが、『ツバメの巣ハンター』という、これまで見たことのない肩書きに興味を持ってもらえれば、なぜ私が自身でツバメの巣を獲りにいっているのか。つまりはツバメの巣をブランド化しなければならない理由まで話ができます。最初はみなさん、漫画みたいな肩書きにくすくすっと笑われますが、話が地球環境に及ぶと真剣な表情で聞いてくださいます」

稲冨にとっては一回、一回の名刺交換さえも、ツバメの巣の実情を伝え、その改善を目指す自社の志を知ってもらうための、重要なブランディング活動なのである。

創業当初、稲冨は知人の勧めで、通販に精通しているという広告代理店の社長に会いに行ったことがあった。

知人には世界ブランド化の夢を語ったのだが、その時から心配そうな目をしていた。「通販のプロで、いいアドバイスをくれるそうだから」という言葉に、相手が勘違いしていることを半ば悟りつつも、しかし知人の顔は立てなければならないと、稲冨は仕事を終えた20時過ぎに、教えられた事務所のドアを開けたのだった。

稲冨より少し年上だろうか。広告代理店の社長は「あなた、ツバメの巣を売ろうとしてるんだってね」と、応接コーナーのソファに座るや否や前置きもなく話を始めた。

「1万円以上するんだって?」

「ええ、まあ、価格はそうですが、なにせ天然のツバメの巣は……」

「あのね、それ、絶対やめたほうがいい。100パーセント、失敗するから」

「……そうですかね」

「そうですかね、じゃないよ。ネットで1万円以上の商品なんて、売れた試しがないんだから。これね、通販の常識だよ」

「はあ……」

確かにこの社長の言っていることは間違いとは言い切れない。現在でも、ネット通販で高額商品を売るのは難しいというのは一般論だ。しかし、稲富には通販の知識がない。それどころか物販の経験さえなく、自身は当時、ネットで買い物をしたこともなかった。相手の社長にしてみれば、通販に関してあまりにも無知な稲富はずいぶん頼りなく見えたことだろう。

いや、そもそも稲富に通信販売業を始める気などないのである。やるべきはブランドの構築なのだ。しかし、そんな思いが相手に伝わるはずがない。

「あのね、あなた、常識がなさすぎますよ。そんなものに、２０００万円も、３０００万円もつぎ込もうとしているんでしょ」

「ええ、そう考えています」

「だめだめ。あり得ない。悪いことは言わないからやめておきなさい」

「でも、これが俺の夢なんです。通販がやりたいわけじゃなくて、ブランドが作りたいんです」

「……ブランド…………」

相手はきょとんとした顔で、しばらく稲富の言ったことについて考えているようだった。

「わかった。じゃあ、そのお金で私と石鹸を売ろう！」

相談に乗ってくれたことに礼を告げて、稲富は事務所を出た。彼とは二度と会うことはなかったが、その後も、「通販というのはね……」という出だしで始まる同じような話を何度も聞かされることになった。

●

事業が順調に成長し始めてからは、M&Aの話も入ってくるようになった。ある日、稲冨のもとに上場企業のロゴがついた封書が送られてきた。「具体的な業務資本提携がしたい」という旨が書いてあった。

稲冨は「よくわからんな」とつぶやきながら、書面をスマートフォンで撮影し、商社の役員を務める先輩に「俺、からかわれているんですかね」というメッセージをつけて送った。先輩からすぐに電話がかかってきた。

「あのな、送り主は日本一のM&Aの会社だ。そこの目に留まったってだけでも、たいしたもんだよ」

「へえ、そうなんですか」

「まあ、おまえの性格だ。どんな条件を出されても会社を売ることはないだろうが、勉強のために会ってみろ」

「先輩がそう言うなら……」

「言っておくが、10億、20億の話じゃないぞ。桁が一つ違うから、その心づもりでな」

「わかりました」

果たして、相手が提示した金額は、先輩が言った通りの巨額だった。稲冨はM＆A会社の若い担当者に、会ってくれた礼を伝えた後で、自らの夢を語った。澄んだ瞳をした担当者は、何度も深くうなずきながら、熱心に話を聞いてくれた。

「なるほど、それじゃあ、稲冨社長が会社を売却することはありませんね。でも、ぼくは社長の話に感動しました。逆に買収したい会社はないですか。そのお手伝いを、ぼくにさせてください」

その担当者とは今でも良好な関係が続いている。

また、「中国での販売権がほしい」とオファーが来たこともあった。高級な漢方薬「冬虫夏草」の中国トップメーカーだった。

「経営者はご夫婦でしたが、お二人で訪ねてくださって、『好きな額を言ってください』と。ありがたいことではあるんですが、ブランド化という目的の実現にはそぐわないのでお断りしました」

この時、もし、中国での販売権を売っていたら、稲冨はその時点で「上がり」と言ってもいいくらいの金を手にして富豪になっていただろう。それを資金に投資家に回るという選択もあったはずだ。

しかし、稲冨は個人資産が増えることに全くといっていいほど価値を置いていない。なにより大切なのは稲冨の哲学が数百年先まで続くこと。ツバメと環境を保護できる仕組みをデザインし、それを持続させること。つまりブランド化だ。

「ブランド化のために気をつけたのは、人にハンドルを握らせないこと。『代理店制度にしましょう』『美容室に売りましょう』『販売委託で海外展開しましょう』……本当にいろんなアドバイスをもらいましたが、決して『儲かるから』で判断しなかった。だから成長は遅いかもしれませんが、ブランド価値をキープすることには成功していると自負しています」

人生をかけるに相応しい、高い目標を掲げた稲冨にとって、「今日の金」は大きな意味を持たないのだ。

●

一方で、現在から振り返れば、稲冨が「ブランド戦略」を美巣の展開の根本に据えたのは、論理的な帰着だったとも言える。

ツバメの巣を知った稲富が、その最大の消費地である中国で、ビジネスを展開しようと考えたと仮定しよう。すでに市場はある。認知度も高い。日本での「ゼロイチ」に、ここまで苦しんだことを思えば、啓蒙活動をしなくていい点は楽だ。

しかし、シェア争いは過酷を極めるだろう。レッドオーシャンの中での、競合企業としのぎを削る戦いが待っている。

勝てる見込みがないとは言わないが、現地企業と同じ土俵で戦うのは分が悪い。稲富には物流も流通もルートがなく、資金力も大きくない。相手は巨大なチャイナマネーを背景に、養殖や偽物を利用しながら、安価な商品を展開し、数の論理を使って消耗線を仕掛けてくるだろう。これに正攻法で勝てるシナリオはあるだろうか。

それに、シェア競争に価値がないとは言わないが、そもそも稲富の夢は、「ブランド化によってツバメの巣を取り巻く環境を正しい形におさめたい」というものだ。価格競争に巻き込まれれば、アナツバメの保護と自然環境保全への貢献という大きな物語はあきらめるより他はないだろう。

「マーケットを獲りに行った場合、私たちはただの劣等者でしかありません。しかし、ツバメの巣に新しい価値をつけてデザインし、クリエイトして、イノベーションを起こした瞬間に、私たちは唯一無二の存在になれる。そう信じていました」

現時点から振り返ってみれば、中国企業と競合しなくてすんだという意味でも、より大きくサステナブルな物語の創造にチャレンジするという意味でも、美巣に残された道は、ブランド化しかなかったのだとも言える。

稲冨はそれを当初から、論理ではなく、直観で見抜き、決断した。

「中華圏でのみ食されてきたツバメの巣ですが、私は『これは人類全体の財産だ』と思ったんです。だとしたら何が何でも守らなければならない。ツバメたちを、ツバメの巣を、それを生み出すジャングルを、そして地球を。大それた話ですが、唯一それを可能にするのがブランド化でした」

稲冨のビジョンはツバメの巣に出会ってから、どんどん成長していった。それはまるで、何者かに導かれているようだった。

「半分冗談だけど、半分本気で言えば、ツバメが教えてくれているんだと思うんです。『こんなに素晴らしいギフトを与えているのに、偽物をつくったり、混ぜ物をしたり、人間はなんと愚かなのだ。この恵みを本当に困っている人に届けなさい。それが続けられる方法を考えなさい』ってね。その方法がブランド化。でも、本当にごく自然に思ったんですよね。『ああ、エルメスとか、フェラーリになればいいのか』って。実績ゼロの状態なのにね。うん、そのことは自分でも不思議ですよ」

やはり、稲冨の言う通り、すべては「ツバメの導き」なのかもしれない。

●

エムスタイルジャパンが一般的な通信販売企業とは一線を画す「ブランド創造企業」だとして、それでは、稲冨が考えるブランドとは、いったいどういったものなのだろうか。

ツバメの巣に出会った瞬間、「ブランドだ！」とひらめいた稲冨だったが、それまでとくにブランドを意識したことも、学んだこともなかった。ツバメの巣の研究とともに、ブランドの分析も稲冨の重要な仕事となった。

ブランドという言葉はそもそも、他の牧場の家畜と区別するために、焼き印をつけた行為を指すノルウェーの古語から派生したものと言われる。つまり源流はヨーロッパだ。

ヨーロッパのブランドの研究から始めた稲冨は、いきなり難問にぶつかった。

「ヨーロッパでは『ブランド』と言われるのに対して、なぜか日本では『伝統工芸』と呼ばれて、ブランドとは認識されていません。たとえばエルメスの革を加工する技術、グッチの竹を曲げる技術に対して、日本が劣っているかと言えば、決してそんなことはない。

陶磁器やガラスの技術については、ヨーロッパブランドが日本に学びにくるレベルです。国内には優れた時計や自動車を製造するメーカーもある。じゃあ、なぜ、ヨーロッパのブランドは経済危機や天災などネガティブな要因があっても成長を続け、一方の日本の伝統工芸はむしろ後継者不足で廃れようとしているのか」

その答えを知りたい。ルイ・ヴィトン、エルメス、グッチ、ロレックス、オメガ、フェラーリ、ポルシェ、ヴーヴクリコ、モエ・シャンドン、ロイヤルコペンハーゲン、バカラ、ラリック……稲冨は手当たり次第に高級ブランドについて調査した。

そこでわかったこと――。

「ブランドとは哲学だ」

単に高級品を取り扱っているのがブランドではないし、世界中の人が知っているからでも、店舗網があるからブランドとして認知されるわけでもない。

共通しているのは、底流に哲学が流れ、それを守り、発展させている点だ。歴史と文化と伝統があり、未来に繋いでいく覚悟と決心がある。

つまり最も重要なのは、創りあげた人の哲学である。多くの人が「その哲学を失ってはいけない」「価値を有効に活用しなければならない」「さらに発展、成長させなければならない」と考えたときに、ブランドは確立する。稲冨はそう考えた。

もう一つのポイントは「継続できる仕組みを構築できるかどうか」だ。

「たとえばスイスの一流の時計職人は、年収1億円を稼ぐと言います。だから後継者が生まれ、ブランドが存続していく。もちろん、それを支える価値を製品に与えて、値決めをし、それをユーザーに納得してもらうというバランスを生み出しているからできること。底流にある哲学を製品という目に見える形に昇華させて、持続的に成長できるモデルを構築している。それがブランドだと考えました」

これは「モノ」だけに限らない。

「イタリアのヴェネツィアの水上観光を担うゴンドラは、その数が400槽に限定されています。ゴンドリエーレと呼ばれる漕ぎ手は人気職種で、優秀な人材が集まります。世界のセレブリティを相手にしますから、外見も磨かなければなりませんし、高い知性も要求される。だから高給が保証されています。こうしたバランスによって、ゴンドリエーレという職業は実に900年も続いているのです。まさにブランド化ですよね」

稲冨はこうした「継続できる仕組み」を作り出せていないことが、日本人の弱点だと考えた。たとえば漆を塗る技術、金箔を貼る技術など、日本には世界でもトップクラスの技術が数多く存在する。しかし、それらは「伝統工芸」と呼ばれ、「ブランド」として認識されていない。

「もちろん、刀の技術を活かした包丁をオーストラリア人がプロデュースしたり、優れたアートディレクターたちによって南部鉄瓶や有田焼がリブランドされたり、世界のブランドが学びにくるような伝統工芸の見直しが始まってはいます。しかし、こと『値決め』に関しては、日本はまだまだ消極的で、これではブランドとしての存続は難しいと言わざるを得ません」

たとえば革の技術。

「400年以上の歴史を持つ、革工芸の印伝。そのデザイン、肌触り、機能性、どれをとっても世界最高水準ですが、値段を見ると、たとえば1万9800円。『これにエルメスのマークが入るだけで50万円になるのに』と思うと悔しくて……」

稲冨は値決めができない理由を「日本の道徳」にあると考える。

「日本人は比較的早い時期に、『足るを知る』という道徳心を学びます。自分が暮らせるだけのものを得たら、それで満足しなさい、と。もちろん、この教えは大切ですし、日本人の美徳の一つだとも思います。ただ、値決めに関しては、大きな弊害になっている。たとえ話をするなら、高度な技術で作られた包丁があったとして、その価値を理解した人が10万円で譲ってほしいと言っても、『もう、子どもたちも巣立っていきましたし、十分に生活していけますので1万円でけっこうです』と言うのが日本人。これでは後継者が育ちません。質素の美学ですね」

しかし一方で、「そんな日本だからこそ、チャンスがある」と稲冨は考える。

●

18世紀後半、イギリスから始まった産業革命は多くの巨大企業を産んだ。石炭、石油、製鉄、自動車、電気、そして金融。重厚長大型のオールドエコノミーだ。

現代は情報技術革命がもたらしたニューエコノミーが世界を席巻している。ＧＡＦＡに代表されるいわゆるＩＴ企業が世界ランキングの上位に位置し、かつては製造業で世界をリードした日本企業はその存在感を薄めている。

稲冨は「日本には第三の道がある」と考えている。そのカギとなるのが「ブランドエコノミー」という概念だ。

「２０２２年7月の時点で、ＬＶＭＨ（モエ・ヘネシー・ルイ・ヴィトン）が世界の時価総額ランキングで18位に入っています。時価総額は約46・６兆円で、世界最大のブランドのコングロマリットです。また、これに並ぶのが、グッチ率いるケリンググループと、カルティエ率いるリシュモングループで、３大ブランドコングロマリットと言われています。

これらの規模を考えると、オールドエコノミーでもなく、ニューエコノミーでもない、ヨーロピアンエコノミー、あるいはブランドエコノミーとも呼ぶべき企業群が存在すると考えられます」

こうしたブランドは経済危機や天災、戦争やパンデミックが起こる中でも、着実に規模を拡大し続けている。とくに稲冨が注目するのがシャネルとエルメスといった独立系のブランドだ。

「小粒でピリッと辛い、と言いたいところですが、エルメスは日本だけで1100億円以上を売り上げます。世界全体だと8100億円（2020年当時）企業。ブランド単体でも、これだけの可能性があるんです」

稲冨が目指すのは、そんな独立系の日本発世界ブランドである。

「値引きをしない。キャンペーンをしない。テレビCMも打たない。それでもお客の方から『欲しい、欲しい』と向かってくる。プッシュではなく完全なプル型のビジネス。我々、日本人はここを学ばなければならない、と思うんです」

日本にはヨーロッパのハイブランドにも負けない技術がある。これを生かさない手はない。それが稲冨の持論だ。

「オールドエコノミーも大切ですし、世界に打って出られるプラットフォーマーにも登場してほしい。でも、日本人がすでに持っているものを生かすのであれば、ハードルがぐっと下がる。私はここに日本再浮上のチャンスがあると考えています。日本はそれだけのポテンシャルを、すでに持っているのだから。フランス、イタリア、スイス、ドイツ、スペインそれらがすべて凝縮されている国、それが日本なのです」

ブランド化すべきは技術だけではない。

「たとえば、北海道のニセコは世界的なリゾート地としてブランド化しました。ただ、開発したのはオーストラリア人。最近は『鮨が高くなった』という声をよく聞きますが、これもブランド化したから。言わずもがなですが、これも外国人客によって促されたもので、残念ながら日本人によるものではありません。逆に言えば、日本人がこの手法を学びさえすれば、ブランド化できる技術や地域、文化は山ほどあるんです」

だからこそ、稲冨はヨーロッパの哲学を学ぶべきだと訴える。

「私は『日本人らしさを捨てろ』などとは少しも思っていません。ただ、『ブランドの構築』という面で見た時、ヨーロッパは紀元前400年のソクラテスの時代から、『人権、社会契約、民主主義』と、目に見えない思想を発展させてきた。つまり、自らのポジショニングがうまいんです」

そこにはヨーロッパの歴史が大きく影響していると稲冨は考える。

「占領、迫害の中で、自分の身は自分で守るという意識が高まったと考えています。ブランド戦略の背景には自己主張しないと生き残れないタフな社会で磨かれてきた思想があるのです」

これに対して「和をもって尊しとなす」の日本は謙譲を美徳とし、自己主張は控える傾向がある。「欲張るな。足るを知れ」が、ブランド構築の足を引っ張っているのだ。

「その違いを理解して、ヨーロッパの知恵をうまく取り込めば、日本はイタリア、フランス、スイスといった国に負けない、ブランド大国になれると、私は信じています。だって、彼らは道徳を学ぼうとしないでしょ。日本人が道徳と哲学を併せ持つハイブリット型になれば無敵です」

この考えに基づいて、美巣はヨーロッパのブランドが重視してきた「哲学」と「持続する仕組み」を自社のビジネスに落とし込んできた。その上で、適切な値決めをし、デザインしてきた結果が現在の成長だ。しかし、もちろん「世界ブランド」という目標は、まだ遠い。

稲冨の日本再生論が本物であることを証明するためにも、つまり日本経済が復興するためにも、美巣がパイオニアとして、新しい世界ブランドに成長する意義は大きい。

もちろん現時点では、可能性の話である。

求めるビジョンはあまりにも大きい。

しかし、稲冨は——本気だ。

●

ブランド化に対して、稲冨がどれだけ本気なのか。それを表すエピソードがある。

設立4年後に、会社の余命4カ月を宣告された、あの頃の話だ。

実は経営を一気に好転させる一手があった。しかも、その実行は誰にでもできる簡単なものだった。

仕入れの変更。そう、天然を養殖に変えるだけのことだ。これで原価は3分の1に下がり、経営は黒字化する。商品が変わったことに気がつくユーザーは皆無だろう。稲冨さえ黙っていれば、万事がうまくいく。

想像してみてほしい。「会社の倒産」と言葉にすれば軽々しいが、そのリアルは強烈である。稲冨にとっては自らの人生の全てを賭けて取り組んできた事業がついえる。これが最もつらいことだろう。

今まで力になってくれた全従業員を解雇しなければならないのも苦しい。社員を家族だと考える稲冨は、それぞれの生活もよく知っていた。彼らの人生を壊してしまう恐怖。社員思いであればあるほど、この決断は恐ろしい。

莫大な借金を抱えることへの絶望。自分はいいとして、しかし家族はどうなるのか。

社会的な信用の失墜。事業に失敗すれば、潮が引くように、まわりから人が去っていくのは世の常だ。取引業者など多くの関係者に迷惑がかかるのも事実だし、これからの人生、その責任を負って生きていくことになる。

実際に倒産すれば、こうした想像をさらに超えた悲惨な状況が待ち構えているに違いない。だから経営者は眠れなくなる。精神は疲弊し、食欲が減退し、その頃には「どうにかこの状況から脱したい」という考えに支配されるようになる。

そこに悪魔が囁く。

「簡単じゃないか。養殖に変えるだけのこと。誰も気づかない」

この誘惑に打ち勝てる人間が、いったいどれくらいの割合いるだろうか。

しかし、稲冨は踏ん張った。

「もし、偽れば、それはいつか明るみに出ます。そもそも、私が罪悪感を抱えて生きるわけで、その背中を社員も、あるいは子どもたちも見るわけです。たとえ事業が成功したとしても、人生としては失敗ですよね。そういう生き方をしたくない。ブランドの根幹が生き方なのだとしたら、つまり、養殖を使う選択をした瞬間に、ブランドの創造をあきらめる、ということになるんです」

ただ、不正を働かずとも、天然という表現を引っ込めるという選択はあったはずだ。

「そうなると、天然を届けるという美巣の根本が崩れます。天然のツバメの巣で最高の商品を作り、価値を創造して、お客様に届け、得られた利益の一部で環境とツバメの保護を支援していく。この循環型のエコシステムこそが『美巣』というブランドなのです。つまり、この観点から言っても、養殖を使った時点で、美巣はブランドじゃなくなる。ブランドの創造を掲げたエムスタイルジャパンは存在理由を失う。だから、絶対に譲れなかったんです」

この発言からも、稲冨がビジネスを作ろうとしていたわけじゃないことが、よくわかる。彼が自分の人生を賭けたのは、あくまで「ブランドの創造」なのだ。

そして、このブランド化の物語には、まだまだ続きがある。

●

稲冨には「ブランド＝哲学」という持論とともに、稲冨自身が定義した「ブランドの条件」がある。

「それは『動物にも、人間にも、地球にも優しい』というものです。この条件が三位一体となり、これに独自の哲学が加わったものだけがブランドとして生き残っていく。何かの犠牲の上でしか成り立たないモデルはブランドになり得ない。決して何も傷つけないという信念を持った経済活動だけが、ブランドとして認知され続けるのだと確信しています」

稲冨がツバメの巣と出会った、まだ「ＳＤＧｓ」という言葉が知られていなかったあの当時、稲冨はこの3条件を掲げた。

「直観なんですが、ジャングルにいる時に『これからはフォアグラもフカヒレも食べられなくなるな』と思ったんです。事実、そうした動きは英米を中心に大きく進んでいます」

２０１２年にはカリフォルニア州が、フォアグラの生産・販売を禁止する法律を施行。ニューヨーク市議会で２０１９年に可決したフォアグラの提供を禁じる条例は、２０２２年から施行されている。２０２１年、イギリス政府はフカヒレの輸出入を禁止すると発表。フォアグラの販売禁止も検討している。

これに対しツバメの巣は、アナツバメが利用しなくなった巣を採取するだけ。鳥たちが健康に暮らせる環境を保全し、負担をかけないようルールを遵守しさえすれば、半永久的に恩恵を受け続けることができる。

稲冨がこの世に生を受けてからの半世紀近くの間にも、人類の価値観は大きく変わってきた。それは予想をはるかに超えるスピードだ。稲冨は現在の「ＳＤＧｓ」的な価値観も、加速度的に広まり、深まっていくと考えている。

「以前は富の象徴であった毛皮を着るセレブはほとんどいなくなりましたし、レオナルド・ディカプリオがプリウスに乗っているのは有名な話です。紛争の資金源になることが問題視されているダイヤモンドも、近いうちに廃れてくるかもしれません。これからブランド力を維持、発展させるためには、やはり『動物にも、人間にも、地球にも優しい』ビジネスモデルである必要があるのです。逆に哲学の中に、この三位一体が入っていなければ衰退する可能性が高い」

つまり、稲冨が描いたビジネスモデルは、まさに「これからのブランドに不可欠な要素を、あらかじめ備えていた」ということになる。

「ツバメも、人も、地球も喜ぶ。これなら数百年続くブランドを創り出せるはずだ、と思ったんです。ジャングルの大自然に影響されたんですかね。本当に、素直にそう考えることができました」

だから、むしろ世界のほうが、稲冨の直感を追いかけているように感じることもある。

「私自身は最初から1ミリもぶれていないつもりなんですが、世界の常識のほうが、『持続可能』というワードに、どんどん寄ってきている。そうした事例を見るたびに、ああ、美巣は間違っていなかったんだな、と心強く思います」

実際、稲冨は、エムスタイルジャパンの設立時から、売上の一部を寄付して、破壊が進むジャングルの自然保護に取り組んできた。人間のエゴが、オランウータン、テングザル、マレー虎、マレー象などの動物たちを絶滅の危険に晒している中で、アナツバメもその例外ではない。稲冨は売上の一部をボルネオに帰して、循環するモデルを構築してきたのだ。

事業に関わる分野の組織や団代へ、企業として寄付することは、それほど珍しいことではないかもしれない。ただ、稲冨の特異な点は、創業から、赤字の時も、倒産の危機が迫ってきた時も、寄付を続けてきたことである。

「今から振り返れば、たいした額じゃない、と言われるかもしれませんが、『この寄付金があれば、数カ月はしのげる』という苦しい時期もありましたから、決して余裕があったわけではないんです。ただ、自分たちが苦しいからと言って、ジャングルとツバメへの恩返しをやめたら、この事業全体のモデルが壊れてしまいます。だから歯を食いしばって、寄付を続けてきました」

そうした取り組みがマレーシアの生態系保護庁の長官などに認められ、エムスタイルジャパンには、公式な「感謝状」が贈られた。また、現在では同庁から天然であることの証明書を出してもらえるまでになった。

動物にも、人にも、地球にも優しい……そんな美辞麗句で金儲けができるはずがないだろう、という批判は何度も受けてきた。

「確かに『社会は綺麗事だけじゃないよ』というのは一面、真理だと思います。でもね、私は綺麗事の中で生きていたいし、綺麗事の中でビジネスが成り立つことを証明したいんです」

動物、人、地球……この三位一体を、さらに強固なものとしていくアイデアが、ツバメの巣の「世界基準」の制定である。

●

稲冨が語るビジョンの中で、最も心を揺さぶられたのが、この「ツバメの巣の世界基準を制定する」という夢だ。

ツバメの巣が採取できるのは、マレーシアの他に、インドネシア、フィリピン、ベトナム、ミャンマーなどの国がある。
「たとえばボルネオ島はインドネシア、マレーシア、ブルネイの3カ国の領土です。国境は人間が勝手に引いたものですから、ツバメは行き来しています。でも、インドネシアのツバメの巣はマレーシアのものほど高くはない。これはマレーシアが国家として、ツバメの巣を徹底して管理、保護しているからなんです。他の国々は貧しくてそれどころではない。野放し状態なので品質などに信頼が置けず、だから取引額も低くなっているのです」

性質も成分もまったく同じなのに、価格の差が生まれてしまう。

そして、価値が見出されていないから起こっている悲劇もある。

「ミャンマーではアナツバメを焼き鳥にして食べることもあるそうで、これはとても悲しいことです。ツバメを愛して、リスペクトして、環境を守れば、人間の健康にとって必要な成分と、富を与えてくれる。善なる心で平和利用すれば、その国の人々が、子どもたちが豊かになる。それを実現するために、しっかりとしたエビデンスに裏付けされた、ツバメの巣の格付け基準を作り出したいのです」

この基準が制定されれば、たとえば、ベトナムのツバメの巣の中にも、マレーシア産の品質に匹敵するものがあると、科学的に証明できるかもしれない。そうなれば、価格はマレーシア産と同じレベルに、つまり数倍に跳ね上がるだろう。

「私たち美巣は、マレーシア産の価格をベースにして事業を構築していますから、ベトナム産やミャンマー産のツバメの巣が高騰しても、痛くも痒くもないわけです。基準額で仕入れれば、そのぶん、貧しい地域が潤う。もちろん、それだけで全てが解決するとは思っていませんが、しかし、発展途上国の貧困問題の改善に貢献できることは確かです」

稲冨の頭の中には、コロンビアのケシ栽培のイメージがある。

「少年少女が麻薬づくりの手伝いをしている現実は、彼らが作り出したのではなく、貧困が生み出したものです。違法作物栽培に依存せざるを得ない、世の中が悪いのです。もっと経済性の高い、代替作物の栽培を教え、定着させることで、ケシ畑がたとえばコーヒー農園に一気に置き換わっていく。これが経済の力です。ツバメの巣が採取できるエリアは貧しい地域が多く、だから治安も悪い。ツバメの巣の世界基準の制定は、この現実を変えるパワーがあると思うんです」

この夢の実現可能性が高いのは、「基準を満たせば、エムスタイルジャパン、美巣が決められた価格で買い取ってくれる」というリアルがあるからだ。基準を提示し、それをクリアすれば「美巣ブランド」に認定され、高値で取引されるようになる。「金が入ってくる」というシンプルなインセンティブが、生産者にとって、品質向上の現実的なモチベーションになる。そうなれば、多くの人が基準を目指すだろう。

その基準には成分はもちろん、「サステナブルか」「環境に配慮しているか」「ツバメを愛しているか」といった項目も入ってくる。現地の人を経済的に潤しながら、自然にも、ツバメにも優しい。

「ツバメの巣に関連する環境問題も、貧困問題も、極端にいえば私しか気づいていないんですよ。だったら見て見ぬふりはできません。それに、このビジョン、命を賭けるに値する夢だと思うんですよね。実現した日のことを思うと、わくわくするし、腹の底から力が湧いてきます」

世界基準の制定まで実現できて初めて、稲富が考える「世界ブランド」は完成するのだ。

「もちろん、そのためには、もっと取引量を増やして、パワーをつけなければなりません。現時点から見れば、途轍もないチャレンジですが、私は絶対に実現すると信じているんです」

この基準づくりは、エムスタイルジャパンの経営課題の克服という面でも、重要な意味を持つ。

美巣が取り扱うのが天然に限られる以上、供給量の上限という問題は必ず立ちはだかる。しかし、この世界基準が制定できれば、美巣が使える天然のツバメの巣の量は飛躍的に増加することになる。

「マレーシアで採取されるツバメの巣の量は、全体の15分の1から10分の1。さらに美巣が利用しているのは、そのうちのごく一部です。もし、採取できるすべての国のツバメの巣を利用できると考えれば、事業規模が今の100倍になっても十分に賄える。つまり、世界基準の制定は私たちの成長のためにも不可欠なピースなのです」

ピース――そう、稲冨のビジョンを聞いていると、ジグゾーパズルのピースが正しい位置に次々と置かれていくような心地よさを感じる。全体の絵はあまりにも大きく、ピースが嵌め込まれている部分は、まだ限定的だ。

でも、この正確性と予測の正しさとスピード感ならば、きっとこの巨大なパズルを完成させてしまうだろう。そして、これまで誰も見たことのない絵を、ぼくたちに見せてくれるのだろう。稲冨の話を聞くたびに、その思いは強くなっていくばかりだ。

●

美巣を巡る景色は、確実に変わってきている。

たとえば大学との共同研究だ。某国立大学と進めているツバメの巣エキスの発毛／育毛・免疫機能増進に関する共同研究から、稲富に「すばらしい結果が出ました」という報告が届いた。稲富は「これまでの臨床が科学的に証明されることに胸が躍る」と目を輝かせる。

「現時点では特許の関係で詳しいことをお話しできないのが残念なのですが、そう遠くない未来に論文として発表される見通しです。私たちにはツバメの巣の効能を科学的、医学的に証明していくという大切なミッションがありますが、今回の研究成果は、そのための大きな一歩となるでしょう」

今後も肺疾患、白内障、リウマチといった様々な疾患に対して、ツバメの巣がどのような効果、効能を有するのかを大学と共に研究していく方針だ。ツバメの巣を利用した新しい治療法の誕生に期待したい。

２０２１年、美巣は高級外車のディーラーと提携した。九州地区で新車が納品される時のプレゼントとして「美巣」が選ばれたのだ。一流を求めるオーナーたちに喜んでもらえる贈り物はこの世にそうはない。彼らにとってはほとんどの物が、「お金を出せば買えるもの」だからだ。

また美巣は世界的な美容・ファッションメディアである『ＶＯＧＵＥ』や『ＮＵＭＥＲＯ』や『ＷＷＤ』にも取り上げられている。

ここでは「サステナブルコスメの美巣」という紹介があるのだが、日本ではおそらく、そのような表現でのコスメブランドというのは美巣が初めてではないだろうか。

では、なぜそのような名だたる各誌が美巣を取り上げるのか。それは美巣が「クール」だからだろう。

デザインが洗練されているとか、商品として独自性があるとか、それらももちろん大きな理由だろうが、もっと深い部分をみているからに違いない。

評価される理由は、たとえばサステナブルであることや、環境保護につながること、貧困問題の解決に寄与することなど、極めて現代的なテーマに対して、ポジティブな影響を与えるモデルになっている点。それも含めての「クール」なのだ。「スタイリッシュ」なのだ。「ファッショナブル」なのだ。

時代の波が今、美巣を押し上げようとしている。

ところで、『VOGUE』の記事にも登場した女優の小雪は2021年11月に美巣のアンバサダーに就任している。

小雪といえば、サントリー、パナソニック、ライオン、花王、明治など、超有名企業の印象的なテレビCMが思い浮かぶ。それに対して、エムスタイルジャパン、美巣は、認知度的にも、規模的にも釣り合わないと見るのが普通だろう。

それでも、彼女がアンバサダーを「買って出た」のは、天然のツバメの巣の神秘性と可能性を深い部分で理解していたからだ。

実は彼女、元々は美巣を知っていて興味を持ち、そして実際に使ったこともあった。しかも、稲冨のサステナブルな理念にも共感していた。

幼い頃から、食べるものと健康、美容の関係性に対する意識が高く、口に入れるものは慎重に選択してきた。出産時の産後院で出会った医師から「ツバメの巣が産後ケアにとても良い」と聞いていたことも、美巣への関心を深める一因となった。

そうした「素地」があってのアンバサダー就任。美巣にとっては、願ってもない、最高のサポーターの登場だった。

日本の端っこで、一人の男があげた声は、あまりにも小さく、しばらくは誰にも気づいてもらえなかった。しかし、男はあきらめなかった。命を賭して手に入れた神秘の食品のその価値を、ただ、ひたすらに訴え続けた。

今、その声は、ある層の人たちに届き、共鳴し、共振を起こし始めている。さらに、その振動は、海を越えようとしている。

●

逆輸入、と言っていいだろう。

2022年、美巣は中国での販売を開始した。

ツバメの巣の中国での市場は8000億円とも、その倍はあるとも言われる。これはコンペティターがうごめく、レッドオーシャンであることも意味している。

稲冨はもちろん、シェア争いに飛び込むつもりはない。

「中国にも新しい考え方を持った層が存在します。美巣はその人たちに届けばいい。マスを狙っていく必要はありません。新しい理解者に、新しいファンになってもらう。中国でも徹底したブランド戦略を進めていきます」

ツバメの巣の摂取に、おそらく2000年以上の歴史を持つ中国でも真似できない技術。これも、美巣の強力な競争優位性となるだろう。

そして、これからの美巣の世界戦略の中心点となるのがアメリカだ。美巣は2022年4月、FDA（アメリカ食品医薬品局）の認証を取得した。稲冨は「ようやく針の穴が開いた状況」と説明する。

「当然ながらアメリカでは、美巣のことなんて誰一人として知りません。正直、『またゼロイチをやらなければならないのか……』と我ながら苦笑いしています。ただ、たとえばハリウッドに対して、美巣のメッセージはまっすぐに届くだろう、とも思うんです。日本に比べて、共感してくれる人々が多いことを考えると、日本でかかった10年よりも、もっと早くブランドの認知が広がる可能性がある。今は小さな一歩ですが、針の穴からダムが決壊するような、そんなインパクトを創出したい」

これまで中国が独占し、偽物の大量生産で、その真の価値が貶められてきたツバメの巣。これを日本企業が、アメリカの力を使って、適正化しながら世界中に広げていく。そんな大きな物語が今、始まろうとしているのだ。

エピローグ

「崖の上からのバンジージャンプ――足首にロープがついているかどうかわからないのに飛んでみた」

稲冨は初めてジャングルを訪れた時のことを、こう表現する。確かにあの状況、命を落としていても、決しておかしくなかった。

しかも稲冨は、その後も同じような「ジャンプ」を幾度となく続けながら、ぎりぎりで生還するような人生を送ってきた。

そんな稲冨の行動を見れば、彼を「向こう見ず」「無鉄砲」「命知らず」と表現して間違いとは言えないだろう。

ただその一方で、「向こう」が見えているからこそ、強烈なほどの行動力が発揮されているとも言える。その向こうとは、言うまでもない、「美巣が世界ブランドとなった未来」である。つまり稲冨が創業の時に見通したビジョンだ。

2022年5月、稲冨はマハティール元首相との再会を果たした。創業間もない頃に奇跡の面会を実現したあの日から、実に9年の歳月が流れていた。

つないでくれたのは、やはり加藤暁子氏だった。

「マハティールさんが来日されるから、会いに来られたら」

「えっ、会えるんですか！」

秘書官にはすでに伝えていて、ＯＫが出ていると言う。「ただね……」と加藤氏は声のトーンを落とした。

「実はマハティールさん、今年の1月に大病をしたし、コロナの感染が拡大しているから何事も慎重に進める必要があるの。あらためて私から、ご本人に確認を取るから」

「当たり前のことですが、マハティール元首相のお体を最優先で考えてください。加藤さんのその『会わせてあげたい』というお気持ちだけで、私は十分に満足ですから」

稲冨は本当に胸がいっぱいだった。

「わかった。でもね、あなたは本当にマレーシアのためにがんばっているし、ツバメの巣を採るだけでなく、様々な科学データを求めて研究機関と協議して、人々の健康に役立つことをしているから。マハティールさんはマレーシアだけでなく、世界のために役立つことに努力をしている人から話を聞くことが大好きだから。私はなんとしてもマハティールさんに今の稲冨さんを会わせたいの」

稲冨の胸にはもはや、この言葉を冷静に受け止める余地は残っていなかったから、あふれる気持ちは涙となって目頭に滲んだ。

加藤氏のその強い思いが通じたのだろう、時間を確保してもらうことができた。当日は、9時半からメディアの取材が入っていて、その前の約20分が面談に当てられた。分刻みのVIPのスケジュールを考慮すれば長時間だが、一方で現在の美巣の事業全体を説明するにはあまりにも短い。稲冨は大至急でプレゼン資料を作成して臨んだ。

挨拶のあと、すぐにプレゼンが始まった。

「美巣はまったく新しいツバメの巣のアイテムとして、日本ではこれだけの新しいマーケットを生み出しました」

頷きながら話を聞いてくれる元首相に、稲冨は熱弁を振るう。

「そして、これが大学との共同研究の成果です」

稲冨が説明すると、マハティールは「これはすごい」と声をあげた。特許取得に関する驚くべき研究成果に、少年のように素直に驚く。

さらに今後、大学との共同研究に取り組んでいくテーマが次々に明らかにされる。さまざまな疾患に続いて、美容分野も重要な課題だ。説明の途中で、マハティールが手を挙げると、場に緊張が走り、みながその言葉に集中する。

「シワがなくなるんだったら、今日から私も使うことにしよう」

そこに居合わせた全員が笑った。

ラストサムライに出演した女優が、アンバサダーを務めてくれていること。マレーシアでの雇用が拡大していること。植樹活動を継続していること。生態系保護庁の長官からの感謝状……スライドが次々と進んでいく。

そして、ラスト。

「私たちは3つのビジョンを進めています。一つがツバメの巣の世界基準を作ること。二つめは、これから300年、500年と続く、世界ブランドを創ること。そして、三つめが医療、治療に用いるための研究を続けることです」

稲冨が「以上です」と頭を下げると、マハティールは静かに頷いて、こう言った。

「アメイジング」

それは深い響きをもったつぶやきだった。

「ミスター稲冨、これまでマレーシアと中国は、ツバメの巣のビジネスを続けてきた。1000年、いや2000年かもしれない。でも、君が捉えた実状には誰一人として気づかなかった。そして、そのビジョンは誰にも描けなかった。なぜ、君にはそれができるんだ」

マハティールは立ち上がり、稲冨に右手を差し出した。

「マレーシアのために、君の研究、技術、アイデア、発想を活かしてほしい。ぜひマレーシアとタイアップして進めてくれ」

「私にとってマレーシアは第二の故郷です。必ずやり遂げます」

マレーシアの国父の右手を、稲冨は硬く握り返した。

実は面談の前に、稲冨はマレーシア人のスタッフにこう確認していた。

「挨拶は『会えて嬉しいです』でいいかな。やっぱり『光栄です』のほうがいいよな」

「はい、『光栄です』でお願いします。特別な方ですから」

「その時、手は差し出すべき？」

「いえ、それは失礼にあたるので、やめていただきたい。閣下はよしとされるかもしれませんが、私たちマレーシア人にとって元首相は尊敬を超えて、崇拝すべき存在です。周りが見ていますし……」

「確かにそうだな。やめておこう。ここはアメリカじゃないんだしね」

そう言って、笑い合ったのだった。

だから、プレゼンを聞いてもらった後に、マハティールのほうから握手を求められたことは、ことさらにうれしかった。

部屋を辞した稲冨は、胸の高揚を深呼吸で冷ましながら、こう独りごちた。

「そう言えば9年前と今日、俺はほとんど同じことを喋ったな」

もちろん、あの当時と比べれば、実績として伝えられることは何倍にも増えていた。説得力は大きく高まっているだろう。

ただ、ビジョンについてはまったく変わっていなかった。言い換えれば稲冨には、9年前から、今日の状況が見えていたし、さらにその未来もイメージできていたのである。

だからこれから、稲冨を「向こう見ず」と表現するときは、こう付け加える必要がある。

「未来が見える」向こう見ず、と。

稲冨は言う。

「やれたからビジョンと言ってもらえるけど、やれなかったら大ぼら」

果たして、バンジージャンプで勢いよく飛び降りた稲冨の足に、ロープはついていたのだろうか。

壮大なビジョンは完成するのか。それとも、ほら話で終わるのか。その答えが明らかになるのは、もう少し先のことだろう。

と、ここまで書き終えたところで、稲冨からメッセージが届いた。
「元木さん、奇跡が起きるかもしれません」
そして、その奇跡は2022年8月8日に、実際に起こった。
エムスタイルジャパンの研究発表会に、なんとマハティール元首相がゲストとして訪れたのである。

福岡市の中心部、オフィスビルの最上階にあるエムスタイルジャパン本社は、元首相の訪問を前に緊張感に包まれていた。テレビや新聞、雑誌の取材陣たちは今か今かと、その訪れを待っていた。

ドアが開き、97歳の偉丈夫が入ってくると、広い会場の空気が一変する。それほどの強い存在感だ。ただ、その強さの発露は、とてもやわらかく、しなやかである。

稲冨が挨拶をし、九州大学の片倉喜範教授の研究報告があり、エムスタイルジャパンの研究開発担当からのプレゼンテーションがあった。ツバメの巣の健康増進素材としての活用の可能性がはっきりと示された発表だった。

司会から感想を尋ねられたマハティール元首相は、矢継ぎ早にディテールに関する質問を発した。さすが医学博士でもあるマハティール、問いは的確だが、いささか専門的に過ぎた。司会がいったん質問を遮る。

「詳しい質問に関しては、後ほど時間をとっております」

会場に和やかな笑い声が広がる。マハティール元首相もチャーミングな笑みをほほに浮かべる。

会の最後に、テレビ局のインタビューに答えたマハティール元首相は、こう語った。

「マレーシアでもツバメの巣の研究はなされているが、エムスタイルジャパンのそれは、これまでになかった独創的なもので、ずっと興味を持ってきた。彼らは食品としてだけではない、ツバメの巣の新しい市場を開いた。これからもマレーシアと共に事業を進めていってほしい」

稲冨としっかりと握手を交わし、カメラに笑顔を向ける。エムスタイルジャパン、美巣にとって、あるいはツバメの巣の未来にとっても、歴史的な一幕となった。

「マレーシアの国父と言われる方が、私たちのオフィスを来訪してくださるなんて、まさに夢のような出来事でした。九州の田舎町で、どう生きていいのか、迷っていた自分が、まさかこんなシーンに立つことになるなんて、人生とは不思議なものです」

稲冨はそう言って、照れたように笑う。

「それもこれも、ツバメの巣に出会った時にビジョンを描き、ただひたすら、脇目も振らずに、頂上を目指して前進してきた、その結果なんです。そして、今からも、それは変わることがない……」


あらためて思う。

やはり、これは「ビジョン」についての本となった。

一人の人間が、いかにしてビジョンを描き、その実践に身を投じ、イメージを事実に変えていくのか。稲冨の生き方は、その一つの答えを示していると思う。

さて、その上で自分自身は、いったい……


何のために生きるのか。

どう生きるのか。

どんな未来を描くのか。


この本を読んだあなたは、もはや、この根源的な問いから逃れられないはずだ。

誰もが稲冨のようになれるわけではないし、その必要もない。

ただ一方で、誰もが人生の主人公であることも、また事実である。

その責任を放棄するか。

今からでも遅くはないと目覚めるのか。

それはぼく自身を含む読者全員に向けられた、稲冨からの無言の、そして力強い問いかけである。

稲冨幹也（いなとみ　みきや）

1974年生まれ。福岡県出身。19歳にて起業し、青年実業家として多角経営を行うも、26歳の時に「金を追って夢を追っていない自分」に気付き、世界15カ国以上を巡る自分探しの旅へ。36歳にしてマレーシアで「大病のお守り」と称されるツバメの巣に出会い、人生を捧げてツバメの巣で世界を変えようと決意。2011年には、ツバメの巣を原料にしたインナーケア、ヘアケア、スキンケアの商品を開発・販売する「BI-SU」（ビース）を設立する。また、偽物や養殖物が多いツバメの巣市場において、天然物の巣を保証するべく、自らツバメの巣ハンターとして、毎年、ボルネオ島の洞窟に赴き、ヒナが巣立った後、二度と使われることのない巣を採取している。

元木哲三（もとき　てつぞう）

ライター、作家、株式会社チカラ代表取締役。1971年6月14日生まれ、福岡市出身。雑誌記者、ミュージシャンを経て、東京でフリーランスライターとして活動。2004年から4年間、中国・上海を拠点に執筆活動を続けた。08年１月に帰国し、株式会社チカラを設立。エッセイや小説を発表する他、経営者、学者、宗教家、芸術家などの書籍制作のサポート、また文章講座「文章の学校」を主宰する。2010年4月からはcrossfmの朝の情報番組「モーニングゲート」（月～金：7:00～10:00）のナビゲーターを務めている。

ツバメの巣《す》で世界《せかい》を変《か》える
命《いのち》がけのツバメの巣《す》ハンター　稲冨《いなとみ》幹也《みきや》

発行日――――2023年６月28日　初版第１刷

著者――――元木哲三
発行者――――田村志朗
発行所――――（株）梓書院
〒812-0044　福岡市博多区千代3-2-1
TEL 092-643-7075　FAX 092-643-7095
ブックデザイン――design POOL（北里俊明・田中智子）
印刷製本――――亜細亜印刷

ISBN978-4-87035-771-6